走出孤独

〔美〕科里·弗洛伊德（Kory Floyd）——著

赵丽荣——译

天津出版传媒集团
天津科学技术出版社

著作权合同登记号：图字 02—2020—175

图书在版编目（CIP）数据

走出孤独 / (美) 科里 • 弗洛伊德著；赵丽荣译
. -- 天津：天津科学技术出版社，2020.10

书名原文 : THE LONELINESS CURE:SIX STRATEGIES FOR FINDING REAL CONNECTIONS IN YOUR LIFE

ISBN 978-7-5576-8474-7

Ⅰ . ①走… Ⅱ . ①科… ②赵… Ⅲ . ①心理学－通俗读物 Ⅳ . ① B84-49

中国版本图书馆 CIP 数据核字 (2020) 第 125483 号

走出孤独
ZOUCHU GUDU
责任编辑：布亚楠
助理编辑：马妍吉
出　　版：天津出版传媒集团
　　　　　天津科学技术出版社
地　　址：天津市西康路 35 号
邮政编码：300051
电　　话：（022）23332695
网　　址：www.tjkjcbs.com.cn
发　　行：新华书店经销
印　　刷：天津中印联印务有限公司

开本 880 × 1230　1/32　印张 7.5　字数 130 000
2020 年 10 月第 1 版第 1 次印刷
定价：46.80 元

前　言

“兄弟，来个拥抱吧！”

有人说，一个人也可以改变世界。胡安·曼（Juan Mann）做到了。2004年1月，胡安·曼放弃了在英国伦敦的生活，回到了澳大利亚悉尼的家中。对于一个22岁的单身汉来说，那是一段孤独的时光。他的父母离婚了，祖母生病了，未婚妻也和他分手了。一天晚上，他感到非常沮丧、非常孤独，他去参加了一个聚会，希望能使自己振作起来。那天晚上，一个陌生人走近他，给了他一个拥抱。这个小小的举动却对他产生了深远的影响。“我觉得自己像个国王！”他回忆说，“这是从小到大让我感觉最棒的事情。”

他的喜悦并没有转瞬即逝。6个月后，他仍然沉浸在这份意外的爱的礼物带来的喜悦中，他决定把他的好运传递下去。他来到了位于悉尼商业区中心地带的皮特街购物中心。那是6月下旬的一个星期三，他站在熙熙攘攘的购物者、商人和游客之间，举着一块硬纸板，上面写着：自由拥抱（FREE HUGS）。

他承认自己一开始感到很害怕。会有人接受他的拥抱吗？人们会不会觉得他很奇怪、令人毛骨悚然，甚至是病态？在一位老妇人走近他之前，他已经在街上站了15分钟——感觉像一个世纪那样漫长。当他们相互拥抱时，一场全球性的运动就此诞生了。

自从一月份那次聚会上的拥抱极大地振奋了胡安·曼的情绪以来，他一直渴望能以某种方式回馈他人。“我曾经对我的朋友们说：‘我只是一个人。我能做什么呢？’”他回忆说。之后，他发起了“自由拥抱活动”，这是一场社会活动，现已遍及澳大利亚、新西兰、亚洲、欧洲、中东、非洲、美国和加拿大，以及拉丁美洲。回想起自己曾想知道一个人能做什么，他用了化名胡安·曼（意为“一个人”）。到2006年，他和他的运动声名大噪。YouTube视频网站上一段关于他的视频，点击量已经超过了7000万次。而且他还上了美国脱口秀女王奥普拉（*Oprah*）的节目。从以色列、乌干达到印度、马耳他和多米尼加共和国，自由拥抱活动遍布世界各地。受到胡安·曼的启发，世界各地的人们都开始以这种方式传播爱。在美国，从圣地亚哥到波士顿，从西雅图到博卡拉顿，到处都可以看到自由拥抱者。

所有人都说，这场运动来得正是时候。作为一个群体，我们渴望得到爱。

也许你也认同胡安·曼的做法。你是否经常感到孤独，或者渴望得到更多的爱？也许你希望你的配偶或伴侣能更多表达对你的感情，或者你试图让生活中的某些人对你更加深情，却没有成功，所以你仍然希望自己能得到更多的爱。如果你觉得这些话听起来很熟悉，那就说明你遇到了一个常见的问题——“情感饥饿”。很多人都有这样的问题。

这个问题有多普遍？请看以下几点内容：

- 独居的美国人比以往任何时候都多（近 28%）。
- 四分之一的美国人表示，他们找不到可以与之谈论重要问题的人。
- 在过去十年中，感到孤独的美国成年人增加了 15%。
- 四分之三的美国成年人认为美国人缺乏感情。
- 人们触摸手机的次数要多于人们触摸彼此的次数。

这些发现呈现了一幅人们正在经历“情感饥饿”的画面，这意味着他们没有得到自己所需的情感，他们渴望更多高质量的人际互动。我们通常把饥饿和食物联系在一起，但我们不会因为想要食物而感到饥饿。我们感到饥饿是因为我们需要食物，正如我们感到口渴是因为我们需要水，感到疲劳是因为我们需要睡眠一样。我们的身体知道他们需要什么才能正常运作，正如我将在本书中所阐述的，有意义的人际交往和食物、水以及睡眠一样重要。

这里，“有意义”是关键词。事实上，即使你有几百个熟人，但你觉得和他们都不够亲密——没有亲密到你可以和他们交流感情的地步——你仍然会感到孤独。你的孤独感可能是情境性的，例如，工作的最后期限让你无法给予配偶和孩子高质量的陪伴。孤独也可能是长期性的，你总是渴望与你认识的和你爱的人有更多的实质性接触。不管怎样，孤独以及随之而来的对爱的渴望是许多人都会经历的一种状态。如果你感到孤独，很可能是因为你没有得到你想要的感情。正如我将在本书中说明的那样，感情对人们的身心健康至关重要。

也许这就是自由拥抱运动如此触动人心的原因。现在每年7月初都有国际拥抱日，还有开发了应用程序的国际大学生拥抱日。不管胡安·曼的真实姓名是什么，当他看到他发起的运动发展如此迅速时，他的脸上一定会露出满意的笑容。

诚然，与他人分享更多的情感并不会消除贫困或解决美国的失业问题。更多的拥抱也不会使我们摆脱对进口石油的依赖，更不会消除世界饥饿。但这并不意味着你对爱的需求微不足道。那些可以让你进行爱的交流的关系可以巩固和加强你与周围世界的联系，让你变得更加乐观和刚毅，有效对抗抑郁，并能提高你身体处理压力的能力。

换句话说，它无法解决全球性问题，但它能够让我们感觉更好。

阅读本书将是你减轻孤独感的第一步。在这本书中，我将：

- 解释对社会联系和感情的渴望意味着什么。
- 说明情感饥饿问题有多普遍。
- 描述情感饥饿背后的原因以及与之相关的问题。
- 帮助你评估自己的人际关系需求。
- 提供 6 种有效策略来帮助你吸引更多真正的联系到你的生活中。

也许你想知道怎样才能让你的丈夫或女友对你更加深情，也许你希望与朋友的关系更上一层楼。如果你有这样的想法，那么你就已经知道什么是“情感饥饿”了。我不记得我是什么时候第一次听到“情感饥饿”这个词，但那一定是一个美妙的时刻，因为我为这种感觉找到了一个完美的名字。如果你也渴望更多的感情，你也许就能感受到这样的描述是多么贴切。

在我研究情感的 20 年里，被问得最多的一个问题就是“我怎样才能得到更多的爱？”我理解人们的这种需求，你将在本书中找到这个问题的答案。

如何使用本书

如果你想在生活中得到更多的爱，减轻孤独，就请和我一起在本书中旅行。请轻装上阵，因为一路上我们有很多事情要做。

我们将通过回想自己的经历、期望和常见的行为方式来开始我们的旅程。决定自己要去哪里，首先要弄清楚自己在哪里。一旦弄清楚了之后，我们将探讨你和他人在情感表达以及对感情的期望方面有什么相似之处，又有哪些不同之处。

旅行的途中，我们会停下来并确认人们用来表达感情的各种行为。这些行为是建立和维持良好关系的重要组成部分，也是战胜孤独的重要法宝。在这段旅程中，你可能会遇到以前不熟悉的情感表达方式，所以保持开放的心态将会很有帮助。

调查人们试图增加社会联系和感情时所犯的一些最常见的错误是旅程中最艰难的部分。这些错误源于人们对孤独和情感饥饿的误解。这就好像你的医生没有意识到你的感冒是由病毒引起的，因此他用抗生素、外用药或抗抑郁药来治疗你——这肯定是无效的，因为无法解决实质问题——面对人们在感情上常犯的错误也是如此。可悲的是，随着时间的推移，那些有情感剥夺感的人往往会以一些非建设性的方式来应对这种感觉，我们将对此进行探讨。

最后，经过艰苦的努力，我们终于到达了目的地：找到对抗孤独以及如何满足情感需求的有效策略。如果你还在考虑是否开始这次旅行，那么，你很可能因为经历情感饥饿而感到沮丧，或者曾试图改善自己的处境，却没有成功。最终，许多人相信他们的孤独是一种永久的状态，但事实上，他们只是不知道该如何正确应对孤独。答案就在那里，等待着我们去发现。这就是我们此次旅行的目的。

欢迎你的到来——我很高兴能和你一起旅行。

第一部分

我们为什么会感到孤独

减轻孤独感的旅程从本书的第一部分开始。在这一部分，我们会了解为什么人类天生就是情感动物。“渴望联系”一章，主要论述了人们在生活中需要情感才能茁壮成长，以及为什么人们对社会联系的渴望如此强烈，以至于当人们没有得到足够的爱时，会产生如此强烈的渴望。“我们为什么爱”一章，主要探讨了爱与生存之间的关系，亲密行为是如何演变的，以及为什么爱只有在特定的条件下才对人们有益。最后一章，“亲密行为的好处”，解释了情感对身心健康的益处，并说明了社会脱节和压力之间的诸多联系。

渴望联系

卡拉坐在摇椅上轻轻地摇晃着，她瞥了一眼床头柜上的时钟，凌晨 2∶36。不到一小时前，她的小屋里还充斥着一个刚出生 3 个星期的孩子的哭声。现在，她搂着婴儿雅各布，用温暖的法兰绒毯子裹着他，空气中弥漫着令人满意的寂静。旁边的床上，她的丈夫马特面对她和儿子侧身躺着，已经睡着了。卡拉虽然累了，但是并不困。相反，在这一刻，她很平静，坐在她生命中最重要的两个男人中间，享受着岁月静好。与此同时，当她看着雅各布，听着他的呼吸，闻着他身上的味道，感受着他的温暖时，她为自己对他的爱是如此强烈而感到震惊。她甚至觉得自己爱雅各布胜过爱马特，因为她从来没有过如此深刻的情感体验。她一只手搂紧儿子，另一只手摩挲着丈夫的肩膀，默默地问自己，在自己过去的 24 年人生中，是否曾经感受过这种爱。

卡拉渴望小雅各布的温暖和丈夫马特无私的爱，这是人类原

始的本能。但是卡拉未必能意识到这一点。这种渴望唤醒了一种原始的驱动力，这种驱动力深深地埋藏在她母亲的心中，埋藏在她母亲的母亲心中，埋藏在世世代代的母亲的心中。此刻，在这寂静的夜晚，轻拥着雅各布的卡拉无须知道人类情感的发源地。然而，有一点她很确定：她不仅想要这种爱，她还需要这种爱。

而正是这一点将她与所有女性——确切地说，是所有在她族谱上排在她前面的女性——联系在一起。也许你也有过同样的感觉。感情不应该只是给人们带来幸福感和安全感的奢侈品，它是人生不可或缺的一部分。我们不能没有感情，就像我们不能没有空气或水一样。当你拥有它们的时候，也许你意识不到这些资源对你来说有多宝贵。一旦切断你的氧气供应，你很快就会明白奢侈品和必需品之间的区别。

> ◇ **你知道吗？** ◇
>
> 孤独有害健康。研究表明，与不孤独的人相比，孤独的成年人更容易发胖、饮酒更多、运动更少、睡眠更差。

离开氧气我们就无法生存。事实证明，我们的生活也离不开情感。除了食物、水、空气和睡眠，我们还需要情感才能生存。也许你会觉得这听起来有点夸张，在我开始研究爱、人际关系和情感之前，我也这么认为。然而现在，我自己的和其他社会科学家的数百项研究成果已经让我完全相信：这一点儿都

不夸张。情感对人的生理和心理健康的影响是巨大的。情感是人的基本需求，我们不能忽视它——所以当卡拉发现她的心被爱打动时，她也在为人类几千年来的基本生活需求得到满足而感动。

不幸的是，现如今，太多人的这种需求无法得到满足。

我们是如何陷入伪亲密关系的

珍妮弗的故事

28 年过去了，珍妮弗和丈夫艾略特的婚姻开始变得乏味。“我们第一次见面时，他真的很浪漫。”她回忆道，“他过去常常在浴室的镜子上给我留下爱的便条，他会带一大束郁金香回家，因为他知道那是我最喜欢的花。”然而现在，他们的爱情就像是在走过场。他们很少对彼此说“我爱你”，夫妻生活也像例行公事一般，毫无乐趣可言。珍妮弗知道，在一起生活这么多年之后，出现这种情况很正常，但是这却让她不断地想得到更多的爱。

我们中的很多人都发现自己处于一种状态中，我称之为“情感饥饿”。这意味着我们希望从他人那里得到更多的情感。情感通常来自有意义的社会联系，所以如果你处于情感饥饿的状态，你很可能会感到孤独。也许你希望拥有更多可以与之谈论重要事情的朋友；或者你希望某个特定的人对你表现出更多的关心，这

个人可能是你的丈夫或妻子，你的男朋友或女朋友，你的父亲或你的女儿（珍妮弗和艾略特就属于这一类型）；或者你希望与他人建立更亲密的关系。不管你属于哪种类型，当我用“情感饥饿”这个词来形容那种感觉时，你都能明白我的意思。当你知道我们对爱的渴望与日常的饥饿感相类似时，你也许就不会感到惊讶。

我们渴望感情

为了生存，我们每天都必须摄入一定量的卡路里。就像水和氧气一样，食物是必需品，而不是奢侈品。如果完全停止进食，我们首先会变得营养不良，等到身体耗尽所有可用的能量时，我们便会处于死亡的边缘，直到饿死。因此，我们必须记住：要有规律地饮食。然而，人类的记忆力并不可靠，所以便产生了内在的提醒：饥饿。

饥饿感是由两种激素引起的：瘦素和饥饿素。当我们吃东西的时候，瘦素就会被触发，让我们产生饱腹感。餐后数小时，瘦素水平下降，从而刺激饥饿素的释放。高水平的饥饿素会导致肚子饿得咕咕响，促使我们去找东西吃。因此不管是吃零食还是在节日大餐上狼吞虎咽，饥饿感每隔几个小时就会回来一次，日复一日地提醒我们要吃东西。

换句话说，饥饿是确保我们获得维持生命所需的能量的方式，

是我们的热量警钟。如果我们有意或无意地忽视饥饿感，就会引发一系列的健康并发症。

情感饥饿也是如此：

- 就像饥饿会确保我们获得维持生命所需的能量一样，情感饥饿提醒我们：亲密关系是我们生活的必需品。
- 就像饥饿时一样，经历情感饥饿，人们也会感到不舒服，而感情得到满足时则会让人们产生愉悦感。
- 如果无视情感饥饿便会导致健康并发症，并引发不良代偿行为。
- 与剥夺犯人的吃饭权利一样，以单独监禁的形式剥夺囚犯的社会联系——即使在今天也被认为是最严厉的惩罚之一。

现代联系的空虚

情感饥饿的状态很容易被忽视。这是因为无论是在现实生活中还是在网络虚拟世界里，我们身边总是有很多人围绕。无论是生活、工作、上学、购物、吃饭、看电影，还是听音乐会、做礼拜、做志愿者、锻炼，我们的周围总是有很多人。如今，无论身在何处，我们都能感觉到世界变得越来越小。你可以上网与不同地区的人实时聊天。我只要按下智能手机上的几个按键，3000 千米外我姐姐的手机上就会出现一条短信。通过 Skype（一种聊天软件），

服役军人可以目睹他们的孩子在家乡医院出生的过程，就像他们本人也在现场一样。名人、政客，甚至英国皇室成员都有自己的“脸书”（Facebook）主页，他们也会定期在YouTube（视频网站）上发布视频。有些名人在“推特”（Twitter）上有成千上万的粉丝，这些粉丝不会错过他们喜欢的名人发的每一条动态。这些科技让我们可以经常听到名人的声音，进而对他们非常了解，就好像自己与他们熟知一样。

安德鲁的故事

安德鲁的女朋友珍妮和他在一起的时候很不开心，因为安德鲁总是在接听电话，珍妮觉得自己还没有手机重要，这让安德鲁觉得很荒谬。他们在一起两年了，安德鲁认为她应该理解：有些工作上的重要电话，他必须接听。但他可能没有意识到，珍妮觉得她是在和他的手机争夺他的注意力……并且输了。在坦诚地讨论了这个问题之后，安德鲁同意，如果他在等一个重要电话，他会提前告诉珍妮，或者，如果有紧急电话打来，他会在接之前先告诉她这个电话很重要。经过坦诚的沟通，珍妮在安德鲁必须接电话的时候不再觉得被忽视，而安德鲁也更加注意他的行为对珍妮的影响。

互联网让前几代人几乎无法想象的事情变得司空见惯：通过网络，人们可以与世界各地的人们实时交流。想一想别人可以通过哪些方式和你取得联系。如果你和大多数人一样，那么人们可以通过手机、座机或电子邮件（平均每个美国人有三个以上账号）联系到你；也可以在你的“脸书”或“推特”上，以及其他社交网站上（如 LinkedIn 或 Foursquare）与你联系；还可以通过 Skype、短信、蜗牛邮件联系你；当然，还可以通过实际的面对面访问与你联系。

◇ **你知道吗** ◇

手机的存在会降低亲密关系的满意度。研究表明，仅仅是在谈话中看到手机，都会让人们感觉彼此之间不够亲密，即使它从来都没有响过。

打电话、发短信或发“推特”等常见的交流方式会让人们产生一种错觉，即我们的联系比以往任何时候都更紧密。然而，我们却忽略了情感的深度，或者说这种随时的互动本身就缺乏深度。我们可以通过一条 140 个字符的“推特”信息来分享我们的生活日常，但却无法表达出更深层次的东西。结果，我们最后只发了“我拿到了比伯的演唱会门票！！”，而一些实质性的、有意义的信息却没有表达出来。

努力创造伪亲密关系

对许多人来说，伪亲密关系带有感情色彩，但是这种关系无须费心培养，也不需要做出牺牲来维持。这种说法对下面这位日本男子来说再合适不过。2009 年，一名日本男子举行了一场婚礼，新娘是任天堂 DS 平台推出的恋爱游戏《Love Plus》中的一个虚拟角色。这位网名为“Sal9000”的年轻人对这款 2D 游戏非常着迷。在游戏中，玩家可以追求游戏里的虚拟女孩并开始他们的爱情。Sal9000 深深地爱上了 Nene Anegasaki（游戏中的一个角色），他们的婚礼还在网络上进行了直播。

另一个例子是“云女友”（Cloud Girlfriend），这是一个允许用户在“脸书”上交虚拟女友的网站。用户能够在他们的“脸书”上收到来自虚拟女友的信息。该公司联合创始人大卫•福里曼认为，拥有一个假女友有助于男性吸引异性。正如该公司网站所宣传的那样，“找到女朋友的最好方法就是已经有了一个女朋友”。

换句话说，云女友相当于自己给自己送糖果和鲜花。行为背后的动机都是认为自己值得拥有自己想要的东西。也许你已经足够成熟，不会再做这种无聊的事了……但是你有没有把自己“脸书”上的朋友数量和其他人的做过比较呢？如果你做过，那么你便也参与到了整个人类社会的比较活动中，即通过与他人的比较来感知自己的社会地位。如果我在“脸书”上有 300 个好友，而我认识

的大多数人都不到 100 个，我就会认为自己很受欢迎。然而，当我发现有人有 700 多个好友时，我就会突然感觉自己不那么受欢迎了。我自己的情况一点也没有改变——我的好友数和以前一样多——但由于社会比较，我对自己的看法发生了改变。同样，如果有一个漂亮的女人在我的"脸书"上张贴爱情留言——即使我要为此付费——我也觉得自己比其他人更受欢迎、更有魅力、更加成功。

不过，这种受欢迎的感觉可能会很危险。如果我仍然觉得自己在这个世界上很孤独，那么我的 300 个"脸书"好友又能给我怎样的安慰呢？是，我可以给他们发即时消息或留言，但在某些时候，这些并不算是有意义的交流。一条推特消息或短信和网络垃圾邮件一样很容易被人们忽视。这也是为什么我们每天都被文字轰炸，却仍然感到如此孤独的原因。我们与他人的互动之多掩盖了一个令人不安的事实：尽管我们与他人的联系越来越多，但联系的质量却越来越差；我们认识的人越来越多，但我们对他们的了解却越来越少；我们有更多的朋友，但我们并不是很信任他们。我们的世界比以往任何时候都更加社会化，但我们却感到自己比任何时候都孤独。

归属与爱是人与生俱来的需要

长大后的婆罗洲猩猩看起来有点像一只脸被平底锅砸扁了的

红毛大猩猩。这种原产于东南亚的灵长类动物，在生命的最初几年里，无论是进食、睡觉、还是玩耍，都有母亲陪伴在身边。母亲与孩子之间的联系非常紧密。科学家和自然资源保护学家卢特·玛丽·加尔迪卡斯（Birute Mary Galdikas）博士说："只有人类与母亲的关系才会这般密切。"灵长类动物学家认为，猩猩之所以有如此长的"童年"，是因为在它们能够独立生活之前，有太多东西需要学习。在生命的最初几年，小猩猩要学会觅食野生无花果、鸟蛋、种子、昆虫和鱼类等；学会用树枝筑巢；学会用棍子把树上的果子敲下来；学会用树叶把自己擦干净。简而言之：要学会猩猩生活所需的所有技能。

然而，一旦度过这段童年时期，婆罗洲猩猩就开始独自生活了。除了短暂的交配期和哺育期，雌性猩猩都是单独生活，而雄性猩猩也只有在保卫领地时，身边才会出现其他猩猩。除了这些必要的任务外，猩猩不会在彼此身上投入太多的时间和精力。他们有自己的事情要做。婆罗洲猩猩可能是所有灵长类动物中最喜欢独居的。这并不是因为他们想要丰富的社交生活却无法拥有……而是因为他们本就喜欢独居生活。

婆罗洲猩猩的 DNA（脱氧核糖核酸）跟人类的 DNA 有 97% 相同。DNA 是构建生物体的基因蓝图。我们的 DNA 与其他物种几乎没有什么共同之处，而我们与婆罗洲猩猩的 DNA 只有 3% 不同。

尽管我们在基因上与婆罗洲猩猩有着惊人的相似性，但在社会需求方面却截然不同。智人显然是所有灵长类动物中最不喜欢独来独往的。换句话说，人类有一种迫切的、势不可挡的追求社交的冲动。

我们需要归属感

人际关系沟通专家马尔科姆·帕克斯（Malcolm Parks）在他 2006 年出版的《人际关系和人际网络》（*Personal Relationships and Personal Networks*）一书中写道："人类始终是社会性动物，但大自然并没有让我们成为高贵的孤独者。"他是对的。我们不像婆罗洲猩猩那样，可以在孤独中幸福地漫步。无论是工作还是生活，我们都处于圈子中，彼此紧密相连。小如婚姻，大如国家。我们依靠他人——无论是我们的邻居还是联合国——在危机时刻帮助我们，我们也会在必要时主动向他人提供帮助，即使对方是陌生人。我们会通过外在的方式，如戴婚戒或改用配偶的姓氏，或者通过内在的方式，如想到"我们"而不是"你和我"来认同彼此的关系。我们满怀激情，自豪地向我们的国家、我们的运动队、我们的政党、我们的宗教和我们的母校表达我们的忠诚。作为人类，我们所做的每一件事都会以这样或那样的方式来满足自己对感情的渴望——我们甚至更喜欢睡在自己所爱的人身边。

为什么我们的灵长类近亲可以在孤独中心满意足地漫步，而我们却要动辄投资社会联系？心理学家罗伊·鲍迈斯特（Roy Baumeister）认为，人类之所以需要归属感，是因为人类有一种培养有意义的人际关系的基本动力。鲍迈斯特和他的同事马克·利里（Mark Leary）一致认为，归属的需要是一种内在的动因——不是后天习得的，而是一种与生俱来的动力——无论人们的文化素养、经济收入、宗教信仰和种族背景如何，每个人都需要归属感。

艾伦的故事

艾伦在上大学后不久就开始感到孤独。尽管他住在兄弟会(fraternity house) 的房子里，很少一人独处，但身边却没有一个他可以真正与之交谈的人。他和几个女人有过短暂的交往，但却从未找到一个真心相爱的人。随着大学生活的继续，他的孤独逐渐变成了轻微的抑郁。为了对抗这种情绪，他开始和在 Craigslist（标有各种生活信息的网站）上认识的陌生女人约会并发生关系。有一段时间，他几乎每晚都出去鬼混。尽管他享受着这种身体上的亲密接触，但无论与多少人发生性关系，他仍然感到孤独。换句话说，他对虚假亲密关系的尝试显然没有满足他对真爱的渴望。

归属的物理含义

鲍迈斯特和利里理论的核心观点是，满足我们对归属的需求

对我们有益，反之，则会对我们造成伤害。一般来说，拥有牢固婚姻和友谊关系的人比那些没有的人更健康、更快乐，并且可能更长寿。善于交际、和蔼可亲、感情丰富的人压力更小、免疫力更强，甚至抵御普通感冒的能力也更强。

另一方面，长期的孤独是一种灾难。经历，甚至仅仅是恐惧被排斥，就会损害身体对疾病的抵抗力和从伤害中恢复的能力。孤独会削弱人们的思考能力，加剧人们的抑郁，甚至被认为是自杀的主要风险因素。社会学家詹姆斯·豪斯 (James House) 在回顾了六十多项已发表的关于社会关系对健康的影响的研究后发现，缺乏牢固、积极的关系会增加一个人过早死亡的风险，其危险程度不亚于肥胖、高血压或吸烟。

然而，更重要的是，鲍迈斯特和利里指出，满足我们的归属需求需要频繁而有意义的互动。因此，只与一个你见不到面的人建立有意义的联系是远远不够的。当然，很多人的生活中都存在这样的关系，尤其是他们的伴侣在军队服役或离家在外工作。但鲍迈斯特和利里表示，这种关系并不能真正满足人们的归属需求。此外，正如艾伦的例子所示，频繁的毫无意义的互动是远远不够的。一夜情在性方面固然能让人得到满足，但从长远来看，这并不能减少他的孤独感。如果没有情感上的意义，仅靠身体上的亲密交流不足以满足我们对归属感的需求。

我们对联系的需求很早就开始了

我们对亲密关系的需求从我们生命的第一天就开始了。要理解这一点，我们需要回顾到很久很久以前。很久以前——大约300万到600万年以前，在现代人所属的智人出现之前，我们的史前祖先作为两足动物（即用两只脚直立行走的人）迈出了他们的第一步。用两只脚走路给我们的祖先带来了很多好处，而且，如你所见，现在这对我们来说仍然是有益的。

但是，大多数进化都有利有弊。从四足动物进化到两足动物也是如此。直立行走使骨盆变窄，这会让运动更有效率，并减少了骨盆断裂的可能性。然而，另一方面，骨盆狭窄也使得分娩时无论是对母亲还是孩子都存在一定风险。大自然对此做出了几种调节，比如让婴儿的头骨足够柔韧以穿过产道，并允许连接母亲骨盆的韧带在分娩过程中放松。然而，最重要的一个调节是：要通过女性狭窄的骨盆，人类婴儿必须在相当不成熟的状态下出生。

我们可以把人类与动物做个比较。例如，长颈鹿在出生后的几个小时内就可以跟在妈妈后面走或跑；美洲狮幼崽在6个月大的时候就学会了自己寻找食物；而小海龟从它们生命开始的那一刻起就独立了。与之形成鲜明对比的是，我们人类来到这个世界时，却处于一种高度依赖的状态。大自然并没有让我们在出生后的几小时、几天、几个月甚至几年内就能够自食其力。相反，我们每

一个人，在生命的最初几年里，都完全依赖于他人来满足我们所有的需求——住所、食物、衣服、保护、医疗、教育等等。

刚出生的婴儿可能至少一年内都不会走路，也无法真正养活自己——也就是说，无法满足自己的所有物质需求。你的孩子在成年之前都要依靠你才能生存。每一个新生儿的生存都取决于是否有人愿意照顾他／她。

爱拯救我们的生命

儿童，尤其是婴儿，无法自己养活自己，因此他们只能依靠他人来满足自己的需要。我有一个问题：是什么力量驱使我们在自己生命中如此重要的一段时间里，对我们的孩子在金钱、情感以及其他方面进行如此非凡的投资？我们为什么要这样做，而且是心甘情愿地这样做？也许你会觉得这个问题很荒谬，但请你想一想，实际上我们当中没有人会在别人的孩子身上投入这么多的金钱和情感，包括我们的侄子侄女，孙子孙女，我们最亲密的朋友的孩子——那些我们关心并在必要时会给予帮助的孩子。当我的孩子需要牙套时，我不会指望别人来付钱，我认为这是我自己的责任。也许你会开车送邻居的孩子上学，或者让他们在你家吃晚饭，但你并没有供他们上大学或者帮助他们获得第一笔抵押贷款的打算。因为他们有自己的父母。

我们对孩子的投入很大，但仅限于一些孩子——通常是我们自己的孩子或那些与我们有关系的孩子。但我们为什么要这么做呢？

> ◇ **问问你自己** ◇
>
> 在你的生活中，你把重要的资源（时间、金钱、住所）都给了谁？

答案当然是因为我们爱他们。但是，我们为什么爱他们？或者，更简洁地说，我们为什么爱？答案则并不像你以为的那样显而易见。我之所以会这样说是因为在我职业生涯的大部分时间里，我都在寻找这个问题的答案。

感情不仅仅指爱情

长期以来，无论是作为一个学者还是一个普通人，我都对情感研究很感兴趣。可以毫不夸张地说，我生长在一个极其有爱的家庭。我的家人——我的爸爸、妈妈、姐姐和哥哥——都是感情外露型的人。我们彼此之间经常拥抱、亲吻，每天都向彼此表达爱意。这在一定程度上可能是由于我们生活在美国西海岸的缘故——研究表明，生活在美国西海岸和南部的人，往往比生活在美国东部或中西部地区的人敏感。不过，我认为我们家人的多情性格更多源于我的父母。在我父母成长的那个年代里，爱无须言语，他们不想让自己的孩子再重复那种家庭模式。因此，他们鼓

励我们表达对彼此的爱。当然，我们也确实彼此相爱。

和大多数人一样，我按照和家人相处的模式与他人相处。但也和大多数人一样，我很快就发现，对我来说很正常的事情对其他人来说则不然。因为我从小就认为，爱一个人就应该让他知道，所以我会让我的同学、老师和朋友知道我很关心他们。在高中的时候，我以爱拥抱而闻名，我会很自然地告诉我的朋友们我爱他们。

从小在感情丰富的家庭里长大，我认为用这种方式和别人交流是完全正常的。但并不是每个人都来自和我一样的家庭。

感情问题很棘手

在高中和大学期间，我认识到，向他人表达感情往往会招致麻烦。许多年轻女性将其误以为是一种爱情信号，这往往会导致混乱局面的出现，有时是跟踪，有时是一场冗长、泪流满面的谈话，而这样的谈话总是显得我很迟钝、不善交际。还有一些年轻男性也把我的行为误解为示爱，这通常会导致他们对我回避一段时间，然后开始一场男人间的谈话，在谈话中，他们往往会出于自我保护，透露出他们不会以“那种方式”喜欢我。

然而，更令我无法理解的是，许多人根本不知道该如何对我的感情做出回应，有些人甚至还对此很反感。人们为什么会对此漠视甚至是反感呢？这实在是令我大惑不解，难道不是每个人都

知道如何表达爱吗？这个问题让我非常困扰，以至于我进入研究生院继续学习并在后来将情感交流作为我的博士研究项目。（我记得有人说过，最优秀的研究者做研究是为了满足自己的好奇心，更是为了解除自己心中的困惑。对此我深表赞同。）

我发现有很多事情阻碍了人们感情的发展。有时候，我们不想要某种感情，是因为我们害怕它有其他的含义。然而，更多的时候，我们并没有得到我们想要的感情，从而加剧了我们的孤独感。这让许多人陷入了一个两难困境：我们没有得到自己想要的感情，而当我们得到时，却不知道该如何回应。

感情有多种表达方式

感情问题之所以复杂，是因为感情可以有很多种表达方式，而有些表达方式很容易被人们忽视。当你听到人们谈论爱和感情时，你可能会很自然地想到在恋爱关系中经常出现的行为，如接吻、牵手或发生性关系；你可能还会想到一些语言信息，如“我爱你”或“我很在乎你”。这些行为很常见，也很重要，但是，实际上，我们表达爱意的方式远不止于此。

人与人之间的情感行为有 3 种基本形式。

- **语言形式**：包括任何通过语言来传递情感信息的方式，如大声说出来，写在卡片或短信里，甚至是通过手语来表达

“我爱你”“你对我很重要”“我很关心你”等等。

- **非语言形式**：亲密行为，包括直接的非语言行为。这些行为不涉及言语，但对方很清楚其意义，如拥抱、亲吻和牵手。
- **社会支持**：这是一种满足接受者情感或物质需求的行为方式。如：祝福同事生日快乐、倾听兄弟姐妹讨论问题、主动帮助朋友搬家等都是表示支持的行为，意味着一定程度的关心和对对方的关爱。

除了以上 3 种形式以外，你可能还有一些独特的方式来表达感情。重点是，我们表达感情的方式是多种多样的，这就得出了另外两个观察结果。

第一，感情不仅仅指爱情。虽然我们中的大多数人都会对恋人表达感情，但我们也会对家人、亲密的朋友、邻居以及其他任何我们对之有好感的人表达感情。人们的表达方式可能会因人而异，但大多数人都会在广泛的社会关系中给予、接受并珍视感情。

第二，感情很容易被忽视。正如你所见，人们有时会通过帮助我们来传递爱，尽管我们会感激他们的帮助，但我们可能不会将其理解为一种感情表达方式。大多数人都明白拥抱或亲吻的含义，但是却很可能会忽略那些来自倾听者或载你去机场的人的关爱。

情感实验室

在过去的20年里，我一直在进行有关情感的研究。我目前在亚利桑那州立大学工作，我的实验室的正式名称是“沟通科学实验室”(the Communication Sciences Laboratory)，但也可以称它为“情感实验室”(the Affection Lab)，我和我的研究生们在这里研究亲密行为对人身体的影响。一个你想要的拥抱会让你感到温暖和放松，而一个你不想要的拥抱则可能会让你感到不舒服或痛苦。在情感实验室中，我们尝试找出产生这些反应的原因。如果亲密交流能使人平静，减轻压力，那么它是否也能对抗因压力而恶化的身心健康状况呢？（包括高胆固醇、高血压、抑郁、肥胖、睡眠问题，甚至痤疮等。）是否可以通过与所爱的人进行爱的互动来帮助人们更好地管理压力，从而改善健康状况呢？

答案是肯定的。我们对亲密行为的许多科学研究，以及其他实验室的研究，都证明了亲密行为对健康的益处，我将在本书中阐述其中的一部分。对我来说，知道这些好处是喜忧参半的。一方面，我很乐意知道，原来和我爱的人分享情感让我感到快乐是有原因的。我渴望亲密行为的原因和我感到饥饿、口渴或疲惫的原因是一样的，这是大自然的安排。任何时候，它都激励我去寻找我所需要的东西来支撑我自己。

另一方面，了解亲密行为的好处会让我感觉伤心，因为我知道有太多人没有得到他们所需要的社会联系。我遇到过很多这样的成年人——也许你就是其中之一。我担心我们的零容忍、零接触政策会对孩子们产生不良影响，他们也和成年人一样需要关爱和联系。我担心 13 岁的梅根·库尔特，2007 年她因为在伊利诺伊州立中学的操场上拥抱她的朋友而被拘留。我担心八年级学生瑞安·布莱克蒙，2012 年，他被北卡罗来纳州夏洛特市的一所中学退学，不是因为打架，而是因为他拥抱了制止打架的老师。

◇ 你知道吗 ◇

触摸对儿童的身体健康至关重要。研究表明，经常被触摸和拥抱的孩子比缺乏触摸的孩子长得更快，发育得更好，免疫力更强。

担心儿童受到性侵犯？当然，所有人都担心这一点。很多人会因此而全盘否定触摸的重要性。这是一种非理性的做法，而且会带来很多问题。我知道我们是为了保护我们的孩子，但是触摸是表达爱的固有部分——我们将在下一章探讨这个话题。

停下来思考

在阅读本书的过程中，你会发现时不时地停下来想想本书中所讨论的话题对自己很有帮助。为了引导大家自我反思，我在每一章的结尾都提出了3个问题。我希望你能认真思考并诚实作答。把你的答案写下来，这样你就可以在阅读的过程中了解自己想法的变化。你越是自我反省，你就会越了解自己——你越了解自己，这本书中的方法对你来说就越有帮助。

- 你想得到更多的感情吗？想要多少？你是想从某个特定的人那里得到更多的感情，还是想从一般人那里得到更多的感情？你认为自己为什么得不到你想要的感情？
- 在你的生活中，你想增加或加强哪种社会联系？
- 当你没有得到你想要的感情时，你会有什么样的感觉？

我们为什么爱

爱是艺术创作中最常见的主题——诗歌、散文、音乐、电影等——也是唯一一种被认为在各种文化和社会中真正普遍存在的情感体验。爱是一种原始的、强大的力量。爱能让一个人彻底改变，人们会为了追求爱而做出不可思议的事情。爱是维系牢固社会关系不可或缺的一部分，而这些关系对我们的生存至关重要。

很多人都认为爱是一种神秘的力量，是一种无法用理性解释的力量。我们也许不知道自己为什么会如此爱这个人或那个人——爱就是爱了，这正是它的美妙之处，爱不需要逻辑，爱是一种奇妙的体验。如果你也有这样的感觉，那么我可以提前告诉你，我将在本章的第一部分揭开爱的神秘面纱。我们为什么爱？知道这个问题的答案不仅可以帮助我们理解为什么我们爱某人（如我们自己的孩子）胜过爱其他人（如别人的孩子），还有助于我们理解为什么情感饥饿从一开始就存在，如果得不到解决就会产生问题。

但是，如果你想保留爱的神秘感，想直接跳到 30 页“爱的礼物”那一小节，我完全尊重这一点，但是有关情感剥夺的故事对你来说仍然是有意义的。

爱的力量

爱也许有许多绚丽的色彩，但对我们人类来说，它只有一个单一的、一点儿也不浪漫的功能：物种的延续。如果爱的情感体验明天就消失不见，且没有同样强大的力量来取代它，那么人类终将灭绝。因为：

1. 人类生来就处于极度依赖的状态。我们别无选择，只能依靠别人来满足自己的需求。
2. 人类的需求相当大，除经济需求外，还需要父母对其进行其他各种有形和无形的投资。
3. 人类的依赖期很长。人类在出生几年后才具备基本的认知能力和运动能力，这就意味着他们需要持续的资源投入。
4. 必须有足够的动力激励成年人（那些拥有资源的人）对儿童进行大量、长期的投资，以确保其能够生存。
5. 我们愿意将我们所有的一切都给我们的孩子。原因很简单，我们爱他们。我们有时甚至愿意为了孩子付出自己的生命，却从来没有认真想过我们为什么愿意这样做。

爱是一种驱动力

也许你认为爱是神圣的、高尚的，甚至是永恒的，但事实上它远比你想的世俗。心理学家认为，爱是一种驱动力，是在需求的基础上产生的一种紧张状态，推动我们去做必要的事情来满足这种需求。例如，疲劳是一种驱动力。有规律的睡眠是人身体的基本需求之一，如果得不到满足，人类就无法生存，所以为了让你的睡眠有规律，你的身体会定期产生令人厌恶的疲劳感。每次你试图克服疲劳的时候都会被提醒，随着时间的推移，这种感觉只会越来越强烈，直到你最终屈服于它，去做它推动你去做的事情：睡觉。同样，口渴是一种驱动力，因为生命离不开水；饥饿是一种驱动力，因为我们需要吃东西才能生存。疲劳、口渴和饥饿都会推动我们做出生存所必需的行为。

爱也是一种驱动力，但它所推动的行为不仅是个人生存的需要，也是物种延续的需要。爱是人类健康幸福的驱动力，就像疲劳是睡眠的驱动力、饥饿是进食的驱动力一样。这就是我们为什么爱的原因——并不十分浪漫，但当你想到爱使人类免于灭绝时，我想你会认同爱是不可或缺的存在。

爱不仅仅是为了生存

我们要承认，爱不仅仅是为了人类的延续。打个比方，我们

必须为了生存而吃，但这并不意味着我们只是为了生存而吃。吃美食不仅仅是为了果腹，更是一种享受。食物在广泛的文化和宗教传统中占有重要地位，许多节日和重要的社会活动都围绕着共进一餐而展开。（拿我来说，一提到感恩节，我就会想到火鸡大餐。）

> ◇ 问问你自己 ◇
>
> 你会被哪些爱的故事打动？它对应你生活积极的一面还是消极的一面？

因此，准备和分享食物对人类的意义远不止维持身体所必需的热量摄入。爱也是如此。我们需要爱来确保儿童（也就是人类）的生存，但爱的意义如果仅限于此，就不会有那么多关于爱的诗歌、电影和歌曲了。爱对我们的意义远不止物种的延续——即使那是它的主要功能，如同饮食的主要功能是简单的热量摄取一样。

这一点很重要，因为尽管我们非常爱我们的孩子，但他们并不是我们唯一爱的人，也不是我们生活中唯一需要的人。我们的社会需求要比这复杂得多，仅仅一个人或者一种关系无法满足我们所有的需求。这也是爱的形式多种多样的原因。

当生活水平高于最低生活保障标准

我们的每一项基本需求都受到同一种基本阈值的制约：

$$\frac{\text{已满足的最低需求}}{\text{未满足的最低需求}}$$

不管我们的具体需求是什么——食物、水、住所等——人只有在基本需求得到满足的情况下才能得以生存。如果最低需求无法得到满足，我们就会因饥饿、口渴或长期暴露在恶劣环境中而死亡。然而，一旦我们的最低需求得以满足——也就是说，一旦生活水平高于最低生活保障标准——就会产生高一层次的需求，而这些需求并不是生存的基本需求。当我们拥有的食物足以维持生存所需时，食物便不仅仅可以果腹，还可以用来满足我们的个人需求（心情不好时吃点自己喜欢的食物安慰自己），实现职业抱负（美食鉴定师），也可以用来满足来自不同文化或宗教的人的饮食需求。当住房的基本需求得到满足后，我们就会认为房子不只是生存的居所，它还关系到我们在哪里工作，去哪里上学。我们会根据自己房子的地理位置以及房子的价值来考虑自己的职业发展轨迹，评估自己的财务状况。房子已然成为地位、尊严和身份的象征。

◇ 问问你自己 ◇

给你自己对爱的需求评分，按 0 ~ 10 给分，0 分最低，10 分最高。在过去的几年里，你对爱的需求发生了怎样的变化？

我们中的绝大多数人都能照顾好自己的孩子：我们给了孩子足够的爱，他们不会因为被忽视而面临死亡的风险。美国卫生与

公众服务部2010年发布的统计数据显示，当年有1560名儿童因被忽视或被虐待而死亡，相当于每10万名儿童中有2.07名儿童死于被忽视或被虐待，这意味着平均每个儿童死于被忽视或被虐待的可能性为0.02%。由此可以看出，儿童被忽视和被虐待致死的情况并不常见。在大多数情况下，我们都能满足孩子们的基本需求，且能超于需求底线。

还记得本书开头的卡拉吗？她意识到自己不只是想要丈夫和儿子的爱，她是需要这种爱。不过，她怎么知道自己是否拥有那份爱呢？我们怎么知道别人是否爱我们呢？

答案是，人们会通过亲密交流来表达对他人的爱和亲近。他们会拥抱我们、亲吻我们、握住我们的手；他们会把我们紧紧地搂在怀里，告诉我们他们有多在乎我们。由此，我们知道自己是被爱着的。而当我们发现自己陷入孤独和情感饥饿时，这些行为也正是我们所渴望的亲密。

爱的礼物

你可能从来没有想过人们为什么会相互表达爱意，但这却是我每天都在思考的问题。在过去的20年里，这个问题占据了我大部分的思考。不可否认，人类是有感情的高级物种。我们需要彼此联系，正是这种需要支撑了好几个不同产业的发展。美国贺卡

协会和美国花商协会的数据显示，美国人每年在贺卡上的花费为75亿美元，在鲜花上的花费为320亿美元，另外还有在糖果、珠宝等方面的花销。美国零售联合会指出，2013年的情人节是迄今为止美国历史上最昂贵的情人节，平均每个美国人花费130.97美元。据估计，这个节日美国人的总消费额高达186亿美元。

好在爱本身是免费的。

那么是什么力量推动我们这样做的呢？不只是为了买礼物、卡片和小饰品，更是为了传达我们的爱。是什么力量推动我们要经常关心我们生命中重要的人？

答案看似简单：我们从母亲那里学来的。

我们要感谢我们的母亲

纵观智人的历史，几乎我们所有人的童年需求主要都是由那个赋予我们生命的女人，也就是我们的妈妈来满足的。妈妈用来满足我们生存需求的许多行为与我们今天用来表达感情的行为相似。也许最容易理解的例子就是拥抱。想想紧紧地把小雅各布抱在胸前的卡拉——再想想史前时代的母亲为保护孩子免受风寒，或者为了让新生儿在哺乳期间保持安静，也是这样做的。因为母亲的身体比婴儿的身体大许多倍，她可以把婴儿包裹起来，为婴儿提供温暖、保护和安全感，也可以让哭闹的婴儿平静下来。正如我将

在本书后面介绍的那样，拥抱会使母亲和孩子的体内释放出抗压的化学物质，对于今天重复拥抱这一动作的人们来说也是如此。

所以，我认为拥抱——即便是我们在聚会、教堂和毕业典礼上的拥抱——是随着时间的推移，从母亲们几千年来用来保护和温暖孩子的行为演变而来的。一开始，拥抱是母亲用来保护孩子的动作，后来逐渐演变成我们今天用来表达对他人关爱的一种方式。

◇ 你知道吗 ◇

暴力往往来源于爱的缺失。研究表明，母亲经常触摸、拥抱孩子的土著地区——比如新西兰的毛利人和印度尼西亚的巴厘岛人——发生的暴力犯罪事件最少。在这样的文化中，母亲即使在工作和社交时也会把孩子抱在身边，或者用婴儿背带背着他们，从而保持与婴儿的接触。

再举一个可能不那么明显的例子：我们为什么接吻。这个问题又回到了妈妈身上。与拥抱一样，亲吻也是从母亲用来帮助婴儿生存的行为演变而来的。想象一下，在遥远的过去，在嘉宝（Gerber，美国婴幼儿营养食品品牌）等婴儿食品出现之前，妈妈们就像小鸟一样，把食物嚼碎后再嘴对嘴喂给婴儿吃。这种做法的技术术语是预咀嚼，对在婴儿食品出现之前出生的婴儿来说，母亲必须这样做才能保证他们的孩子能生存下来。因为，与美洲

狮幼崽不同，人类新生儿没有牙齿来咀嚼食物，更别说咀嚼食物时的运动协调能力了。因此，母亲预先咀嚼的食物可以为断奶后的婴儿提供维持生命所需的热量。

虽然听起来不太文雅，但把咀嚼过的食物从妈妈嘴里喂到孩子嘴里的动作与我们今天亲吻别人时的动作惊人地相似，尤其是法式接吻——包含嘴对嘴和舌对舌的接触——使用的动作几乎与预咀嚼相同。

幸运的是，我们进化了

首先，我承认这听起来一点都不浪漫。请允许我提前向你道歉，因为下次你在亲吻你的爱人时，脑海中可能会浮现出把咀嚼过的食物送到他嘴里的画面。当然，我们现如今接吻、拥抱、牵手的原因与以前不同，如今这样做是为了传达情感。之所以使用相同的动作，是因为这些动作是随着时间的推移，从母亲用来照顾我们的行为演变而来的，而正是这样的照顾方式，才让我们得以在依赖期生存下来。

◇ 问问你自己 ◇

你希望别人怎样向你表达感情？按照喜欢的顺序对以下行为进行排序。

1. 牵手
2. 亲吻嘴唇

3. 搂肩

4. 亲吻脸颊

5. 拥抱

6. 亲吻脖子

在本章后面部分，你可以将你的答案与全美调查结果进行对比。

我们可能会发现自己很像卡拉。当她坐在生命中最重要的两个人中间时，她觉得自己需要他们的爱——不仅仅是爱的感觉，还有爱的表达。她需要他们爱她，也需要他们表达出这种爱，这样她才能快乐，感到满足且不孤独。这对她来说是一个重要的认识。幸运的是，她的本性更早意识到了这一点。为了确保她能够得到她所需要的爱，她的本性使她渴望得到爱。当她的情感饥饿得到满足时，她就会感到平静，感到被爱，就像她怀中的新生儿一样。然而，当她想要的爱比她得到的爱多时，她就会感到不安、痛苦和孤独——正如我将在本书中介绍的那样，她的健康会受到许多方面的影响。因此，对卡拉以及包括我们所有人来说，满足我们对爱的渴望与满足其他基本日常需求同样重要。

“情感饥饿”很普遍

如果我们大多数人都得到了足够的爱来“超越底线”生存，那为什么还会有情感饥饿呢？显然，这并不是因为人们没有得到

满足基本生存所需的爱。我们得到了足够的爱来维持生存，我们也给了我们的孩子足够的爱——因此，在满足生存需求后，我们就有了其他的需求。父母的爱对我们很重要，但它远远不足以满足我们在这个世界上的归属需要。我们还需要朋友，需要各种各样的社会联系；我们需要同伴和导师，需要理解我们的人；我们需要知己和我们共享生活中的苦与乐，需要无条件爱着我们且了解我们的人，需要在一起即使不说话也感到很幸福的人。这些人可能是我们的父母、孩子或兄弟姐妹；也可能是我们的邻居或同事；还可能是我们在教堂、健身房或家长会上认识的人，甚至可能只是我们在网上认识并与之保持联系的人。

无论是否有助于人类物种的生存，与重要他人建立情感纽带都对我们有益。不幸的是，许多人并没有享受到这一好处。即使满足了生存需求，很多人还是觉得自己需要更多的爱。这就是“情感饥饿”。

情感饥饿到底有多普遍？几年前，我得到了一个找到答案的机会。我接到了妮维雅（NIVEA）护肤品公司市场部的电话。也许你知道妮维雅：一个生产护手霜、润唇膏和各种护肤产品的公司。多年来，我一直使用他们的须后乳。

打电话的人说，妮维雅想发起一项“百万次触摸”的公关活动。他们的想法是，宣传亲密、深情的触摸给人们带来的好处，人们可以通过把每一次触摸记录在“脸书”页面上，以换取赢得

奖品的机会。为了证明人们应该更频繁地触摸，妮维雅让我对美国成年人开展一项调查，了解人们的情感剥夺程度。尽管我的研究通常属于学术研究，但为了了解美国人对感情和亲密接触的态度，我还是接受了这个做民意调查的机会。

我在网上发起了一项调查，几天之内就收到了近1500条回复。参与者都是来自美国各个地区的成年人，代表不同种族、不同阶级。虽然这并不属于随机抽样调查，但它包含的多样性足以让我对调查结果充满信心。

以下是我的一些发现。

- 3/4 的成年人认为“美国人正处于一种情感饥饿状态”。
- 比起人与人之间的触摸，人们触摸手机的次数更多。57.2% 的人表示他们总是触摸手机， 28.6% 的人说他们会触摸家人，16.7% 的人说他们会经常触摸最亲密的朋友。
- 当被问及他们更喜欢哪种感情表达方式时，答案如下：

  1. 牵手（60.2%）
  2. 拥抱（59.6%）
  3. 搂肩（46.0%）
  4. 亲吻脸颊（34.5%）
  5. 亲吻嘴唇（25.4%）
  6. 亲吻脖子（20.3%）

- 各地区认同美国人处于情感饥饿状态的比例为：夏威夷（100%）、美国南部（85%）、中部平原地区（82%）。每个地区同意这一说法的比例都不少于 50%。

如上所示，我们可知“情感饥饿”的概念显然引起了美国人的共鸣，绝大多数人都感觉到了这一点。

◇ 你知道吗 ◇

生活在寒冷气候下的人们触摸次数较少。研究表明，与生活在赤道附近（气候温暖的地方）的人相比，离赤道较远的人更少触摸彼此。

你也许认同我调查中的一个或多个发现。或许你也同意“情感饥饿”这个说法。你可能发现自己触摸手机、笔记本电脑或电视遥控器的次数比触摸爱人的次数更频繁。这很常见，如果你渴望更多的亲密，那么你可能已经尝试过不止一种方法来增加亲密感。但是，你也知道，说起来容易做起来难。其中一个原因是：人们有时并不接受亲密行为。当亲密行为出现在错误的时间，来自错误的人，或者以错误的形式出现时，它便不再是爱的暖流，而是要淹没你的惊涛骇浪。

表达时机很重要

所罗门王说：“万事皆有定时。”感情交流也不例外。亲密

行为确实对我们的健康和幸福有益，但是我们也要记住——和许多其他对我们重要的事情一样——它也需要发生在正确的时间和地点。

亲密行为以正确的方式发生在正确的时间和地点，可以给我们的生活带来积极的改变。但是，这不可以成为你在街上亲吻陌生人的理由。如果直觉感觉不到这是好是坏，凭经验我们也知道这不是什么好建议。让我们花点时间来想一想：既然亲密行为对我们有好处，为什么不是任何时候都是这样呢？

亲密行为也可能不受欢迎

上大学的时候，我经常打暑假工，在这家公司干一个星期，在那家公司干一个星期，通常是做办公室工作。我打字速度很快，而且在学校里学过速记，所以有时会得到一些为高级管理人员工作的机会。在某个为期一周的任务中，我为一位经理工作，我们就叫他瑞克吧。瑞克是一个非常友好的人，很合群。而且，我注意到：他和别人说话时，总是要以某种方式触摸对方——把手搭在对方的肩膀上、紧握对方的手臂、双手握住对方的手，等等。

我想说的是，我与别人聊天时也喜欢触摸他们，而且我发现那些和我相似的人通常都是热情且富有同情心的人。因此，我一点也不介意瑞克性格中的这一部分。直到有一天下午，他在他的办公室

里拥抱了我，且不肯松手。实际上，只有两种情况下才会发生类似的事情——情绪低落或是需要倾听，但是他两者都不是。

玛丽亚的故事

玛丽亚很想与他人有更多的亲密感，但在某些情况下，亲密行为却会让她感到不舒服。比如说，她的老板是个感情外露型的人，很喜欢拥抱员工。他对每个员工都是如此，所以玛丽亚对此也并不介意。但是，有时候，当他们单独在办公室时，老板也会拥抱她，这就会让她感到很不舒服。

也许你也遇到过类似的情况。对方可能是一个陌生人，或者是一个你几乎不认识的人（就像我和瑞克那样），也可能是知己、老板（就像玛丽亚的情况），或者是一个你非常熟悉的人，甚至是一个非常亲密的朋友。无论是哪种情况，你可能还记得我在瑞克办公室时的感受，有句话可以形容那种感觉：浑身起鸡皮疙瘩。

亲密行为也可能有害处

在上述情况下，我们接收到的亲密行为对我们的健康和幸福来说并没有什么好处。实际上，不但没有好处，可能还会带来害处。

当接收到不喜欢的亲密行为时，我们的身体就会产生应激反应。从本质上讲，身体会感知到威胁，并迅速进入防御性保护模式。想想看，拥抱可以给我带来快乐，让我感到被爱，但是如果这个拥抱来自我的哥哥，我的身体就会感觉受到了威胁。

受到拥抱的威胁?

也许这听起来很奇怪，但我相信你完全能明白我的意思。当亲密行为发生在错误的时间，或者是以一种我们不喜欢的方式出现，抑或来自我们不喜欢的人时，我们就会感到压力、感到不安全，甚至有被侵犯的感觉。因为，尽管人类是依靠一些亲密行为才生存下来的，但我们还没有进化到随时随地都需要亲密行为，或者任何人都可以对我们有亲密行为的地步。“万事万物皆有定时”，亲密行为也不例外。

问问在工作场所遭受到过性骚扰的人，例如，曾被跟踪或是被某人单恋的人。在这种情况下，人们会受到某种形式的关注——通常是公开的亲昵——但他们并不想要这种关注。许多人因此而被迫采取法律行动，有的甚至需要药物和心理治疗才能控制这种情绪所带来的影响。被人单恋可能没那么可怕，但心理学家罗伊·鲍迈斯特（Roy Baumeister）的研究表明，被人单恋也会带来巨大的压力，甚至比示爱被人拒绝的压力更大。事实上，如果这种压力让人们对未来的社会交往产生戒心，就会导致孤独。

◇ 问问你自己 ◇

你有没有因某种情感表达而感到有压力的时候？当时是什么感觉？

显然，得到不想要的感情会让我们感到不安和痛苦。然而，得不到真正想要的和需要的感情，对我们来说，可能是一场灾难。不幸的是，现在很多美国人都处于这种情况。如今，我们表达感情的方式比历史上任何时候都多。也正是因为表达方式越来越多，其价值就越来越低。

关系疏离是不是科技的问题

我写这一部分的那天，正好是我的生日。我坐在显示器前打字，每当有人在我的“脸书”上发布生日祝福，电脑就会“嘀”一声。如果你也是“脸书”用户，你就知道我在说什么了——到一天结束的时候，我收到了几十个这样的帖子，而绝大多数的内容就只是“生日快乐！”，仅此而已。

我很感激他们能够想到我，并以友好的方式与我联系。真的，我很感激。我自己也曾多次做过同样的事情——正因为我也做过同样的事情，所以我明白其真正含义。这是一个诚实的时刻：其实，大多数情况下，如果不是“脸书”提醒我，我并不知道那天是谁的生日。输入“生日快乐！”并发送给对方，可以毫不费

力地完成，但并没有什么实际的意义。当然，如果对方是密友或亲戚的话除外，这时，“脸书”可能是最有效的沟通媒介。

我一边浏览帖子，一边惊讶于我收到了如此多的祝福。但我知道哪些是真心实意的祝福，哪些只是形式上的问候。一天下来，我并不想再收到更多的祝福信息，只想联系三四个对我来说最重要的人，大家一起说说话，共度美好时光。

那么，为什么不把这个问题归咎于“脸书”本身呢？如果我们不能轻易发送不含任何感情、毫无意义的信息，我们就能回到真正的人际交往时代。在这个问题上，让我们把矛头指向互联网——在互联网出现之前，人们真的会彼此交谈，不是吗？

但是把我们的问题全部归咎于通信技术，存在一个巨大的逻辑错误：科技不是自己产生的，它也不会自己做任何事情，是我们创造了它。我们不能说是科技把我们分开了。因为这样说的话，我们就把科技当成了有生命的物体，而事实并非如此。我们只能说，我们通过科技将彼此分开。这是事实，但承认这一点并不足以让问题得到改善。我们需要的是解决方案，是基于现有研究的最佳解决方案。正如医学家研究运动的益处或营养不良的危害一样，社会科学家（包括我自己）研究亲密行为对人的影响也是为了让人们了解其在人类社会交往中的重要性。

科技并不是问题所在——我们才是。我们需要爱和感情，但

我们却常常觉得自己被剥夺了这些情感体验，从而导致了孤独和情感饥饿。

◇ **你知道吗** ◇

你“脸书”上的朋友可能太多了。研究显示，当“脸书”用户拥有超过300个好友时，你便显得不那么受欢迎了。这可能是因为我们大多数人都无法同时与那么多人保持高质量的联系，所以人们会觉得，拥有几百个“脸书”好友的人可能是一个感情肤浅的人，或者是一个渴望得到关注的人。

“情感剥夺”感因人而异

剥夺是指得到的东西比想要的少。当没有足够的食物来满足饥饿感时，便是食物剥夺；当睡眠不足无法得到充分休息时，便是睡眠剥夺。因此，当谈及剥夺时，我们必须考虑并比较两件事：你渴望得到的东西的数量和你已经得到的东西的数量。

但是我们很容易只关注自己得到了多少爱或未得到多少爱，而这并不是故事的全部。例如，假设让27岁的离异白人女性娜奥米和38岁的已婚非裔美国男性乔纳森给自己得到的感情打分，两人都打了4.5分（满分为10分）。我们能就此断定他们的情感剥夺程度相同吗?

我们不能，除非我们知道他们想得到多少爱。尽管娜奥米和

乔纳森得到了同样多的爱，但是如果娜奥米想要的爱比乔纳森的多，那么娜奥米的情感剥夺程度就更高。

换句话说，剥夺程度并不是由想要多少或得到多少来单一决定的，而是两者共同决定的。想要确定娜奥米和乔纳森的情感剥夺程度，我们必须问问他们想要得到多少爱。如下图所示，虽然娜奥米和乔纳森得到了同样多的爱，但娜奥米的情感剥夺程度更高，因为她得到的和她想要的差的更多。

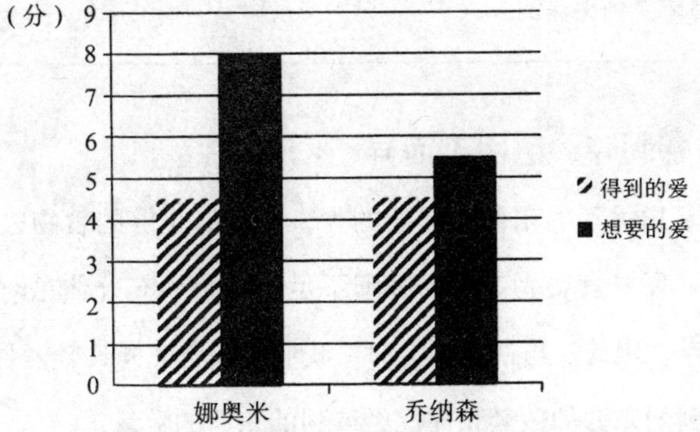

不同程度的情感剥夺

娜奥米和乔纳森“得到的爱”都是 4.5 分。但是，娜奥米想要得到爱为 8.0 分，而乔纳森想要得到的爱只有 5.5 分。因此，即使他们得到了同样多的爱，娜奥米的情感剥夺感也会更强烈。

这个观察结果很重要，因为它显示了情感饥饿实际上因人而异。并不是每个人都需要同样多的食物、睡眠或感情。只有当我

们得到的远远少于我们想要的时候，我们才会真正感到被剥夺。正如我将要在接下来的章节中说明的，当我们的情感需求得到满足时，我们会从中受益，反之，则会感到痛苦。

停下来思考

这一章主要讨论了我们对爱的需求从何而来，为什么不想要的情感表达会给人带来压力，以及科技为什么会削弱我们的情感体验。在进入下一章之前，花几分钟思考以下问题，并写下你的答案，以便日后参考。

- 爱对你来说有多重要？你通过什么方式来获得爱、滋养爱或避免失去爱？
- 你什么时候从你认识的人那里得到了不想要的爱？你能描述一下你当时的心理感受和身体感受吗？
- 科技是如何将你与你关心的人分开的？

亲密行为的好处

亲密关系是健康人生的基石之一。如果你感到孤独，觉得自己需要更多的人际交往，那么你可能就没有体会到亲密行为给人的身体和精神带来的诸多好处。在一段关系中，亲密行为不仅仅是分享情人节卡片和拥抱，它还能给你的身心带来实实在在的、可衡量的好处。

在过去几十年里抚养过孩子的人可能会对此感到惊讶，因为，在20世纪中叶以前，专家告诫父母们不要对孩子有亲密行为。心理学家认为，这会让孩子产生依赖性；医生则警告说，这会促进传染病的传播。在哈利·哈洛（Harry Harlow）进行猴子实验之前，这种观点基本上没有受到质疑。

哈利·哈洛，著名心理学家，他在威斯康星大学建立了世界上最早的灵长类动物实验室之一。尽管他的实验根本没有考虑动物实验伦理要求，但是在研究亲密关系的必要性方面，他是一位真正的先驱者。哈洛把恒河猴宝宝和它们的妈妈分开，并将它们

放在他的实验室里，由两个类似于猴妈妈的机器“抚养”。一位“猴妈妈”身上覆盖着厚厚的铁丝网，就像人们用来做鸡笼的那种铁丝网。另一个虽然也是用铁丝制成的，但上面覆盖着厚厚的、软软的绒布。他把恒河猴宝宝分成两组。第一组，铁丝妈妈提供食物，而绒布妈妈不提供食物，第二组刚好相反。结果，不管绒布妈妈是否提供食物，猴宝宝都紧紧依附在“她”身上，只有饿了的时候才会去铁丝妈妈那里吃东西。在他后来的实验中，哈洛将会发出很大声响的泰迪熊玩具放进笼子里，他发现，猴宝宝几乎无一例外地紧紧抓住绒布妈妈寻求安慰。当他把绒布妈妈拿走后，猴宝宝很快就出现了身心痛苦的迹象，如躲在一角、蜷缩成一团、吮吸拇指等。

尽管人们认为这个实验对于动物来说太过残忍，但在证明依恋关系的必要性以及剥夺这种关系带来的后果方面，哈洛的研究具有开创性意义。虽然，人类并不是恒河猴，但是根据美国国立卫生研究院的菲利斯·莱佩特博士（Dr. Phyllis Leppert）的研究，恒河猴 95% 的基因与人类相同。这种基因相似性很重要，因为这增加了人类与猴子中枢神经系统结构相同的可能性，从而证明依恋行为对人类同样有益。

◇ 你知道吗 ◇

哈洛的研究改变了孤儿院和收养机构照顾儿童的方式。

从某种意义上说，如果人类天生就能从亲密互动中受益，那么，认为亲密行为关乎人类的健康和幸福也是合乎逻辑的。到目前为止，本书主要讨论了为什么亲密行为对人类如此重要：因为如果没有亲密行为，人类就无法在婴儿期存活下来。而亲密行为对我们的影响并不会随着我们的长大而停止。我们一生都需要亲密行为，亲密行为对我们有很多好处，如果缺乏亲密行为，人们就会感到痛苦。本章意在说明这是怎么回事。

把亲密行为视为一种状态和特质有助于我们了解保持亲密行为的好处，以及缺乏亲密行为的坏处。

“亲密”是个混合体

可以说，我们每个人都是状态和特质的混合体。

- 状态是可以偶尔用来定义我们的特征。通常情况下，我们将状态视为我们不时拥有的属性，比如生气、饥饿或开心。状态也可以是行为性的，比如特别健谈，特别紧张，或者非常活跃。不管是哪种情况，状态都只是暂时的，通常持续的时间很短。
- 相比之下，特质是一种更为持久的特征。从特质可以看出一个人是怎样的，通常情况下会做些什么。有些特质是生理或心理方面的描述，比如眼睛的颜色或智力水平，还有一些特质是行为方面的，比如友善、争强好胜等。当你听

到有人说，某人是“一个有进取心的人”或“一个好的倾听者”时，你听到的就是那个人的特质。

行为状态和特质在很大程度上相互重叠，但又并不完全重叠。我曾经有个邻居叫克拉拉，她是我见过的最健谈的人之一。她会和你聊很多，从银行柜员到邮递员，再到替她转轮胎的年轻人——一旦你和克拉拉交谈起来，你就很难脱身了。我承认，有时我透过厨房的窗户看到她，为了避免她说个不停，我都是故意等她离开后才出门。

作为一个“健谈的人”，克拉拉在很多社交场合都很能说——健谈的特质使她呈现出爱说话的状态。但是，这并不一定意味着她和每个人都聊得来。尽管她很健谈，但她有时也会处于一种安静、不爱说话的状态，只是不像其他人那么频繁罢了。

亲密也可以是一种状态，一种特质。每个人都有深情的一面，在某些情况下，可能会更加深情。例如，相比岳父岳母或公公婆婆，也许你会更紧地拥抱自己的父母。有时候你会想和你的爱人拥抱，有时候却不想。每个人的情感表现不同，有些人是感情外露型的，喜欢将自己的爱和感情表达出来，并且对他人的情感表达也能够很自然地接受。另一些人则刚好相反，要么很难表达自己的感情，要么觉得不需要这样做。这并不意味着感情不丰富的人感受不到爱和感情，他们只是不善于表达自己而已。

肯尼的故事

在和艾伦同居的两个月里，肯尼逐渐意识到他们在情感表达方面有很大的不同。刚开始约会的时候，肯尼并没有注意到这一点。但是住在一起后，肯尼发现自己对艾伦表现得很亲密，而艾伦则很少对他有亲密行为。为此，他感到很痛苦，因为他认为如果艾伦没有表现出亲密，那就证明她并不是很爱他。这让肯尼担心他们两个并不合适，尤其是从长远来看。不过，后来，肯尼发现，不光是在感情方面，自己在其他情绪的表达上也比艾伦更具表达力。通过与艾伦的交流，肯尼知道艾伦是爱他的，她只是不像自己那样爱表露感情。

就像肯尼和艾伦一样，我们每个人都有自己的情感特质水平，这决定了我们的亲密表现力。不管我们的情感特质水平如何，我们每个人都会发现自己时不时地处于感情丰富的状态。在这种状态下，我们会向他人表达自己的爱和感情。如果我们天生就能从给予爱和接受爱中获益——就像哈洛的研究首次提出的那样——那么这些益处很可能来自我们是感情丰富的人（一种特质），也来自我们做出的亲密行为（一种状态）。事实证明，这些预测都是正确的。

感情丰富有益健康

每个人都会有诸事不顺的时候，我也不例外。那是暑期班上课的第一天，我要讲一门关于非语言交际的本科课程——非语言交际是指不使用语言进行交流的交际方式。我通常是下午上课，但那一天是上午的课，所以我不得不在交通高峰期赶去上课。在这个特别的早晨，从我家到学校，这段 13 千米长的路上发生了两起交通事故，所以当我到学校的时候，我已经累得不行了。课前坐在办公室休息的时候，我又接到医生的电话，和我说我的健康状况不太好。我心事重重，感到不知所措，根本没有注意到已经到了上课时间。几分钟后，一个学生胆怯地敲了敲门，我才意识到已经上课将近 15 分钟了……我一直尽量避免迟到，尤其是在开学的第一天。慌乱中，我抓起讲义和水杯就往楼下教室跑。冲进教室后，我一边为迟到而道歉，一边把讲义和水杯放在讲台上，却不小心把水洒得到处都是。几分钟后，当我试图拉下投影仪的屏幕时，一个学生告诉我，屏幕是电动的。我假装自己知道这一点，走到墙边去按下屏幕开关，然而，我按错了开关，教室里所有的灯都灭了。所有这些都发生在我上新课前的 3 分钟。

回办公室的路上，想到上班路上的拥堵，糟糕的健康消息，以及第一天上课时的尴尬，我的情绪异常低落。幸运的是，我的一位同事，也是我的朋友在走廊看到了我，并很快觉察出我不对劲，他问：“你需要一个拥抱吗？”“非常需要。”我回答。我当时

最需要的就是一个拥抱。

当我的同事在走廊上拥抱我时，我这一天发生的一切都没有改变。然而，这个拥抱彻底改变了我的感受。我整个人都放松下来。整个上午笼罩着我的那种紧张情绪慢慢消失了。上班路上的疲惫，接到电话时的担心，以及灾难性的课堂仍然历历在目，但是突然间，一切似乎都没有那么糟糕了。在朋友的拥抱之后，我觉得我完全可以应对早上的问题，并有勇气面对当天未知的一切。那个拥抱大大减轻了我的压力，无论是身体上的还是感情上的。

> **◇ 你知道吗 ◇**
>
> 爱人之间的亲密触摸可以降低血压，减少压力荷尔蒙。

回想起来，我们的拥抱时间很短，也就两秒，但它对我的积极影响远远不止两秒。也许你还能回忆起自己生活中某个亲密瞬间——一个拥抱，一个电话，一只搭在肩膀上的手臂，哪怕是一个小小的亲密动作，都能极大改善你的身体和精神状态。为什么亲密行为会带来这么多好处?

哈洛（研究猴宝宝的心理学家）是最早论证亲密接触益处的研究人员之一。从那时起，人们就知道了亲密行为可以给我们带来很多好处。我们可以得出一个结论：那些给予和接受更多爱的人比给予和接受较少爱的人身心更健康。换句话说，做一个感情丰富的人是有好处的。事实上，高情感特质的人比其他人更快乐、也更健康。

你的感情有多丰富？

花点时间看看以下陈述。用数字 1~7 表明你对每一项陈述的认同程度。数字越大，代表符合程度越高。数字越小，代表符合程度越低。

- 我认为自己是一个感情丰富的人。_____
- 我总是会告诉我所爱的人我有多在乎他们。_____
- 当我对某人有好感时，我通常会表达出来。_____
- 我很难开口告诉别人我爱他们或者我关心他们。_____
- 我很善于表达感情。_____
- 我是一个非常重感情的人。_____
- 我喜欢拥抱别人，或者搂着他们。_____
- 我经常向他人表达感情。_____
- 我可以很自然地向别人表达感情。_____
- 熟悉我的人都说我是一个感情丰富的人。_____

将所有数字相加，你的总分应该在 10 到 70 分之间。[1]

---

1. 引自弗洛伊德，K. (2002)。人类情感交流：五、高度深情的属性。通讯季刊，50：135-154。经许可转载。

感情丰富的人心理更健康

在继续阅读之前，先做一下“你的感情有多丰富”的测试。里面的题目来自一项名为特质感情评定量表的问卷调查，我开发这个量表是为了评估人们的情感特质水平。正如你可能想象的那样，很少有人能得到 10 或 70 的极值。换句话说，我们大多数人都不是感情极其丰富的人或者完全没感情的人，一般处于两者之间，既不回避感情，但也不过度表达感情。然而，你的分数越高，就说明你的感情越丰富。

10 年前，我进行了一项研究，那可能是第一项关于作为高情感特质的人的好处的研究。我的研究方法很简单。我准备了两份相同版本的问卷，其中包括心理健康评估、性格测评和人际关系质量评定量表。问卷中还包括你刚刚完成的特质情感量表。然后，我把这些问卷发给了我所在大学的学生，每一份问卷都装在一个邮费已付的信封里（那时候网上调查还不普遍），如果学生们能够说服他们认识的“感情最丰富的的人”和“感情最不丰富的人”填写并归还问卷，他们就能获得额外的学分。大多数学生告诉我，他们很容易就能想到相应的人——既有感情丰富的，也有感情不丰富的——来完成这项任务。

然后，我得到了两组数据，我已经料到了这两组人的情感特质水平会有所不同。还记得你之前十项量表的得分吗？在这

项研究中，高情感特质组的人平均分为 64 分（总分 70 分），这意味着我的学生在寻找高情感特质的人这方面做得很好。相比之下，低情感特质组的人平均分只有 33 分。这两组人的感情丰富程度肯定是不同的，但我想知道的是：他们之间还有其他的不同之处吗？

我测试的每一项结果都表明，高情感特质的人不仅与低情感特质的人不同，而且更有优势。这里我们重点讨论与心理健康和幸福有关的结果。与低情感特质的人相比，高情感特质的人：

- 压力更小，不易抑郁，更快乐；
- 拥有更高的自尊；
- 感觉不那么孤独；
- 更有可能积极参与社交活动；
- 对自己的人际关系更有安全感，对情感上的亲近更自在，对亲密关系的恐惧也更少。

简单地说，根据该研究的结果，高情感特质的人比低情感特质的人心理更健康。为了更确定研究结果，我和几位同事后来又做了 3 次进一步的研究。除了已有的大部分发现外，我们还发现，高情感特质的人不那么神经质，不易患精神疾病，更加外向，也更可能拥有令人满意的亲密关系。

高特质情感所带来的好处并不局限于美国人。放眼世界，有

些国家的人的确比其他国家的人感情更丰富，触摸方面表现得更加明显。研究人员称一些文化为“高频接触文化”，因为在这些文化群体中，人们经常亲密触碰彼此。意大利和希腊等地中海国家就是很好的例子。在这些国家，无论是以深情的方式还是更具工具性的方式（比如扶人过马路），人们互相触碰是很常见的，也是人们所期待的。在高频接触文化中，人与人之间的空间距离较近，身体接触频率较高。相比之下，在低频接触文化中，人与人之间的空间距离较远，身体接触频率较低。

传播学研究人员埃德·麦克丹尼尔（Ed McDaniel）和彼得·安德森（Peter Andersen）对来自25个国家的参与者进行了一项研究，结果发现，中国、日本和韩国是身体接触频率最低的国家。大多数研究人员将美国归类为中频接触文化，尽管美国的某些地区（如南部）的身体接触频率肯定要高于其他地区（如中西部）。

布鲁斯的故事

作为一家大型国际制造公司的销售经理，布鲁斯经常出差。在一些国家，他发现人们习惯于亲吻脸颊以示问候。通常情况下，他都能很快适应文化差异，但是这种特殊的问候方式却让他非常不适应。他向一位经常出差的同事提到了这一点。同事告诉他，在一些文化中，亲吻脸颊并不是一种情感的表达，只是一种例行问候，就像美国人之间的握手一样。虽然布鲁斯无法马上适应这

一点，但是想着这就相当于握手，而非感情表达，他最终习惯了这种做法。

显然，在高频接触文化中，做一个感情丰富的人有很多好处——但在低频接触文化中呢？最近，我和心理学家吴胜涛想看看美国和中国的成年人在特质情感水平和与之相关的益处方面有什么不同。在几位双语人士的帮助下，我们将特质感情量表翻译成中文，并将其分发给中国和美国的数百名成年人，其中还包括心理健康测试。结果和我们预期的相同：中国成年人的特质感情得分远远低于美国人，这反映了中国的低频接触文化。然而，更重要的是，我们发现感情丰富对中国人和美国人的心理健康同样有好处。具体而言，高特质情感的参与者——无论是中国人还是美国人——有更高的自尊心，更高的生活满意度，更积极的影响力，以及更强的抗压能力。他们也更有同理心，更有可能拥有亲密的关系，并且不太可能成为情感回避者。

根据研究结果，我们可以说，不管亲密接触在你的文化中是否常见，做一个感情丰富的人都会让你的心理更健康。这个结果可能并不令人惊讶，因为我之前已经花了相当多的篇幅来讨论人天生就是社会动物，所以，那些与他人有亲密互动的人比那些不与他人亲密互动的人压力更小、沮丧较少。这并不是一个真正的

启示，这是我们的天性。即使这些心理健康研究并没有取得突破性成果，但是却引发我进一步思考：感情丰富的人是否身体也更健康？

感情丰富的人身体更健康

还记得吗？一开始，我就觉得感情是否丰富与人的身体健康有关，因为分享爱的感觉很好——不只是在情感上或心理上感觉好，身体上感觉也很好。这能让我们感到温暖，感到轻松，感到平静。尤其是当我们感觉有压力时，对我们的帮助更大，就像我的同事在我“倒霉的一天”给我的拥抱一样。这种交流行为会对我们的身体产生影响，让我们感觉更好。我并不认为这是一个巧合或意外，就像吃饭和睡觉能让人感觉很好一样，绝非偶然事件。如果我是对的，那么就存在这样一种可能性：亲密接触能让人感觉更好。

我对这一观点的探索始于一项研究。在这项研究中，我预测，与感情不丰富的人相比，感情丰富的人能更有效地管理压力。因为当人感觉有压力的时候，情感对身体的益处尤为明显（比如那天早晨让我平静下来的拥抱），所以我决定从研究身体对压力的反应入手，来研究情感对身体健康的影响。最重要的是，压力是我们所有人都要面对的问题，而且它还与许多其他问题有关——从肥胖、高

血压、哮喘和心脏病，到头痛、睡眠障碍、抑郁症、高胆固醇和糖尿病。对我来说，这本身就使压力值得研究，因为帮助人们更有效地管理压力可以改善因压力而恶化的各种健康状况。

◇ 问问你自己 ◇

当你感到有压力时，哪些健康问题（比如睡眠不好、头痛或消化问题）会变得更糟？

测量压力

如何测量身体管理压力的能力？最常见的方法之一就是观察一种叫作皮质醇的激素。皮质醇由位于肾脏上方的肾上腺产生，遵循昼夜节律，以 24 小时为周期发生周期性变化。对大多数人来说，在人们醒来后的 30 分钟内，皮质醇水平最高。之后全天都持续一个缓慢下降的趋势。在午夜前后，皮质醇水平最低，然后由最低点回升，直到第二天早上再次达到最高点。这是正常皮质醇的昼夜节律。

昼夜节律波动越大越好，因为这表明我们的下丘脑 - 垂体 - 肾上腺轴（HPA）很健康，HPA 可以控制身体对压力的反应。当 HPA 失调时——也就是说，对压力事件的有效反应能力降低时——皮质醇就会失去昼夜节律。可以说，它“变平了”。皮质醇节律平缓，说明身体应对压力的能力不足；反之，皮质醇节律波动较大，

说明身体有足够的能量应对压力。

在我的第一项皮质醇研究中，我让一群健康的成人志愿者填写了特质情感量表，然后在正常工作日的 4 个时间点收集他们的唾液样本来测量其皮质醇水平——第一次醒来时、中午、下午晚些时候、上床睡觉时，绘制出每个人的皮质醇昼夜节律变化图，并将其与他们的特质情感水平进行比较，我发现结果和我预期的一样：一个人感情越丰富，其皮质醇水平变化幅度就越大。

检查应激反应

因此，我们可以说，情感特质与压力管理能力有关，但当我们真正遇到压力事件时会发生什么呢？做一个感情丰富的人有助于你应对压力吗？

回答这个问题比让人们填写表格和提供唾液样本复杂得多。为了了解感情丰富的人和感情不丰富的人都是如何应对压力事件的，我必须在他们处于压力状态下时对他们进行观察。仅仅假设人们处于压力状态下时，体内会发生哪些变化是不够的。因为人在压力状态下时，往往意识不到自己体内的一些变化。想想看：当遇到压力时，你可能会注意到自己的心跳加快、脸部发热、肌肉紧张，但你却不知道你的心率、皮肤温度或肌肉张力增加了多少，你也不知道你的皮质醇水平是如何变化的，或者你的免疫系统是如何工作的。这些身体活动超出了我们的意识范围，因此要研究

它们就必须在人们处于压力状态下时对其进行测量。

出于研究的目的，我不得不故意给人们施加压力。

如果你是其中一位参与者，首先，我会让你填写特质情感量表，然后预约参观我们的实验室。到了实验室后，你将进行 45 分钟的活动，这些活动旨在让你感到压力。其中有一项心理数学挑战，在这个挑战中，你需要在头脑中解决数学问题，同时会有一个研究助理站在你身后指出你的错误答案。你还要做一个 Stroop 颜色词测试。在这个测试中，电脑屏幕上闪现的颜色词与其字体颜色不同——例如，黄色这个词语是用紫色字写的。你必须说出字的颜色，而不是词语的读音。词语会以一种意想不到的方式快速闪过，很容易让人感到慌乱。

你还要把整个前臂浸入一桶冰水中，并保持这个姿势几分钟。这听起来可能不会给你带来任何情绪上的压力，但你的身体却会因此产生即时压力反应。我们还会给你看夫妻吵架的视频。每个活动做几次之后，你的整体压力水平就会变得非常高，而我们则会监测你的身体在整个过程中的反应。

非常感谢这项研究的志愿者——没有他们的参与，我们就无法了解感情丰富的人和感情不丰富的人在面对压力时的不同反应。研究结果表明：人们给予和接受的爱越多，他们对压力事件反应过度的可能性就越小。

为什么感情丰富是一种优势，要理解这一点，我们首先要理解压力在生活中的作用。大多数人认为压力与死亡和税收一样，都是生活中令人不快的必然。很少有人享受压力带来的体验——但就像乳房X光检查或前列腺检查一样，它是体检的必要组成部分。因为压力是身体对任何一种感知到的威胁的反应，当身体对威胁反应不足时，人就会变得脆弱。

为了了解你的身体对压力的反应，想象一下：当我们散步时，一转弯，突然发现自己的面前站着一只咆哮的德国牧羊犬，它耳朵竖起，牙齿外露。鉴于它有能力将人咬伤——而且它显然准备这么做——这只狗无疑代表着一种威胁。狗的存在就是一个压力源，你的身体会通过感受到的压力做出反应。你的心开始怦怦跳，呼吸越来越重，肌肉也变得紧张起来。而在你的意识之外，你的瞳孔扩大，血液供应被重新定向，你的身体开始释放压力荷尔蒙，免疫系统开始高速运转。所有这些变化都是为了帮助你度过你所面临的威胁。呼吸加快是为了让更多的氧气进入血液；心跳加快是为了加快血液流动速度，把更多氧气更快地输送到肌肉组织，为你的肌肉提供能量；肌肉紧张是为了保护你免受身体上的冲击，并为必要时的反击做好准备；瞳孔扩大是为了接收尽可能多的视觉信息；释放压力荷尔蒙是为了给身体输送能量；而免疫系统高速运转则能够保证我们的身体在这个过程中不受伤害。

这一系列的活动能够增加你的整体能量……当你踏入了一只强壮大狗的领地时，这对你非常有帮助。来自身体压力反应的能量增加有助于你做好战斗或逃跑的准备。你要么会对着狗大喊大叫，把它吓跑，要么会赶紧离开现场。这两种方法都可以降低被攻击的概率或将攻击造成的伤害最小化，从而确保你的生存（即使你不太可能因狗的攻击而死亡，但确实存在这种可能性，而压力反应就是要减少这种可能性）。

这只是压力如何发挥作用的例子之一。当你遇到某种威胁时，你的身体会通过增加能量来做出反应，以便你能成功应对威胁。有些威胁是身体方面的，例如面临严重的疾病或遇到一只咆哮的狗。有些则是社交方面的（比如在朋友面前感到尴尬）、情感方面的（比如失去亲人），或者经济方面的（比如失业）。不管是哪一方面的威胁，你的大脑都会感知到潜在的伤害，并启动身体的应激反应。

> **◇ 你知道吗 ◇**
>
> 压力有利也有弊。尽管压力使人感觉不舒服，但是它却可以提高我们的复原力和创造力。

然而，压力反应强度必须在一定范围内才会有效果。如果你在面对威胁时没有感受到足够的压力，你就可能没有足够的动力或能力去应对威胁，而这会让你很容易受到伤害。举个例子，如

果你的能量和注意力没有突增，你可能就无法抵挡散步途中遇到的德国牧羊犬的攻击，就会增加你受伤的概率。这样一来，我们很快就能够意识到压力对我们的生存和幸福的重要性。

有些人的身体确实无法产生足够的压力反应……但更常见的问题是，我们承受了太多的压力。这意味着当我们遇到压力源时，我们的身体会反应过度，产生的压力反应比威胁本身还可怕。假设你晚上散步时碰到的不是一条狗，而是一条袜带蛇（一种无害蛇）。因为许多人都害怕蛇，所以遇到蛇——即使是无害的蛇——也会使人们产生一定程度的应激反应。但是，如果无害的袜带蛇给你带来的压力与咆哮的德国牧羊犬带来的压力一样大，那就是反应过度——当身体对威胁反应过度时，人们最终会在这个过程中伤到自己。

因此，压力反应也有一个“适居带”：我们希望自己的压力反应既不要太弱，也不要太强，要恰到好处。越是感情丰富的人，对压力反应过度的可能性就越小。在对研究参与者的特质情感水平进行测试后，我们给他们施加了压力，结果发现，与感情不那么丰富的人相比，感情丰富的人的皮质醇和心率的增加幅度较小，他们的压力反应足够强烈，但不会过于强烈，这有助于他们的身体对压力做出适当的反应。

这一发现阐释了心理学家所说的压力缓冲效应——亲密关系是应对生活压力的缓冲器。多年来，很多研究都发现，人们在生活中得到的关爱和支持越多，身体对压力的反应就越小。

催产素的影响

我们已经知道，感情丰富的人比感情不丰富的人能更有效地应对压力，但我们还不知道是什么原因导致了这种差异。在最近的一项研究中，我和传播学教授科林·黑塞（Colin Hesse）、佩里·保利（Perry Pauley）探讨了特质情感的压力缓冲效应与催产素相关的可能性。

> **◇ 问问你自己 ◇**
>
> 你的亲密关系是如何帮助你免受压力事件的影响的？

催产素是一种能让人感觉良好的激素，性高潮、亲密的非性接触（如背部按摩），都可以提高催产素水平。许多流行心理学爱好者称催产素为“爱情荷尔蒙”。它的作用之一是抑制下丘脑－垂体－肾上腺轴（HPA 轴）的活动。当我们感到压力时，HPA 会调节我们体内皮质醇的分泌，通过这种方式，催产素能够在一定程度上避免我们对压力事件做出过度反应。还记得吗？我们希望自己的压力反应处于“适居带”，不要太弱，也不要太强。催产素似乎有助于控制压力反应，使其不会过于强烈，也不会对身体造成不必要的伤害。

为了证实这一点，我们进行了另一项压力实验，在对更多勇敢的志愿者进行特质感情水平测试后，我们给他们施加了压力。

不过，这一次，我们是通过在压力事件的不同时间点采集他们的血液样本来监测其催产素水平的。正如我们所预料的那样，人们的特质情感水平与其催产素变化有关：一个人的感情越丰富，当其遇到压力时，催产素就会分泌得越多。因为催产素能够减轻疼痛，给人带来愉悦感，并能够管控压力反应，因此它可以在我们遇到压力事件时保护我们不受伤害。与感情不丰富的人相比，感情丰富的人更能获得这种保护。

感情丰富带来的好处在压力情况下尤为明显，但并不局限于此。从很多方面来看，即使将年龄、饮食、运动、睡眠模式和体型等因素都考虑在内，感情丰富的人还是比感情不丰富的人更健康。例如，我们的研究表明，感情丰富的人具有以下特点：

- 静息时的血压和心率更低。
- 平均血糖水平较低，这一点很重要，因为压力会使人的血糖升高。
- 免疫系统更强大，因为他们的自然杀伤细胞——攻击病毒感染细胞和体内恶性肿瘤生长的细胞——更活跃、更有效。

显然，做一个感情丰富的人有益身心健康。当然，即使是特质感情水平较低的人，他的心中也有一个丰富的情感世界。就像我在那个令人沮丧的早晨得到的拥抱一样，不管我们的特质感情水平如何，压力期间的亲密接触都会对我们的身体大有裨益。我们将在下一节中具体说明。

情感表达的好处

在特质感情量表测试中得高分有很多好处。除非你的分数很低，否则这对你来说一定是一个好消息。你可能不是一个感情特别丰富的人，或许你根本不是那样的人。即便如此，你也会在生活中时不时地给予爱或接受爱。也许你会在一些有意义的活动中分享拥抱，比如婚礼和毕业典礼；也许你会对很久没见的人充满深情。即使我们不经常这样做，我们大多数人也偶尔会做出深情的举动。

根据研究，亲密行为有益健康，即使我们并不经常这样做。当你预期、经历或从压力事件中恢复时，亲密行为对健康的益处最为显著，而这与你的情感特质水平并无关系。研究表明，亲密行为会对身体产生两种影响：

1. 如果亲密行为发生在压力事件之前，就可以保护身体免于过度反应，即缓冲效应。
2. 如果亲密行为发生在接触压力源之后，那么，身体各项机能会更快恢复到正常水平，即恢复效应。

还记得我之前提到的研究吗？为了观察身体对压力的反应，我们故意给人们施加压力。在研究缓冲效应和恢复效应时，我们也通常会采取相同的方法：设计一些旨在提高压力的活动。不同之处在于，无论是在压力活动之前还是之后，参与者都会与他人分

享情感（语言形式或非语言形式）。而无论以哪种形式进行情感表达，身体都会受益。

压力事件前的情感表达是有帮助的

博士学位，是一个人在大多数研究领域所能获得的最高学术学位。完成博士学位课程通常需要三到五年的时间，并且要求学生提交一篇学术论文。学生们不仅要写论文，而且要在教授委员会面前进行答辩。答辩的结果直接决定了他们能否获得博士学位。

由于风险如此之高，论文答辩对学生来说往往压力巨大。对我来说也是如此。许多博士生会带着他们的配偶、亲戚、密友或其他重要的人参加他们的论文答辩会，部分原因是为了分享喜悦之情，还有部分原因是为了帮助自己渡过难关，避免情绪崩溃。有时，在学生进行答辩时，其他人不得不在外面等候，但我注意到，亲友们通常会在学生答辩前向他们表达情感，如拥抱、亲吻、轻拍后背、说“我们爱你”，等等。

在压力事件前分享情感真的能帮助我们管理压力吗？

埃里卡的故事

埃里卡被诊断出卵巢癌时只有37岁。手术过后，她开始了一轮积极的化疗。几年前，她目睹过姨妈在双乳切除术后忍受化疗的痛苦，知道化疗无论对身体还是心理都是一种折磨。因此，她

决定在每次化疗前，先与她的丈夫、3个年幼的孩子以及她珍爱的小猎犬拥抱。尽管每一轮的治疗都充满压力，但埃里卡发现，事先与家人共度一段充满爱意的时光能给她带来力量，使每次治疗看起来不再那么令人畏惧。

一些研究表明，在遇到压力事件前分享情感可以防止我们对压力反应过度，如埃里卡的故事。在北卡罗来纳大学的一项研究中，研究人员要求一组成年人在观看一段浪漫视频时与他们的恋人牵手10分钟，然后再来一个20秒的拥抱，所有这些都要在进行压力诱导实验之前完成（类似于我们在实验室中进行的测试）。另一组成年人则在压力活动之前安静地独自休息。与独自休息的参与者相比，那些与恋人有亲密接触的参与者在压力活动中的心率和血压的增幅较小。换句话说，他们对压力源的反应被他们之前的亲密接触所缓冲。

北卡罗来纳大学的研究仅限于恋爱关系，但情感的压力缓冲效应并不仅限于此。在我的实验室里，我和佩里·保利教授、科林·黑塞教授重复了北卡罗来纳大学的研究，但是参与者亲密接触的对象既有恋人，也有朋友。同样地，那些在压力事件前与他人有亲密接触的人，其心率和血压的增幅都小于那些独自休息的人或和同伴在一起的人。参与者与同伴之间的关系类型并无影响：无论对方

是朋友还是恋人，与之进行亲密接触都可以缓解参与者的压力。

关系的类型真的完全无关紧要吗？比如，让你在压力事件之前和一个完全不认识的陌生人牵手，能缓冲你的压力反应吗？至少有一项研究表明，确实可以。心理学家詹姆斯•科恩（James Coan）、希拉里•谢弗（Hillary Schaefer）和理查德•戴维森（Richard Davidson）将已婚女性置于核磁共振成像仪中并让这些女性提前知道她们会受到轻微的电击，与此同时，记录她们的大脑图像。对电击的预期是压力事件，在此期间，女性要么和她们的丈夫牵手，要么和匿名的男性实验者牵手，要么不与任何人牵手。

北卡罗来纳大学的研究（以及我们后来的重复研究）已经表明，与恋人牵手可以缓冲身体的压力反应，但这也引出了一个重要的问题：这种缓冲效应是行为本身带来的，还是取决于牵手的对象是谁？我们可能会认为是行为本身带来的。鉴于那些只是静静地和同伴坐在一起的人并没有受到缓冲效应的影响，我们知道仅仅有人陪着是不够的，关键是要与之有亲密接触。但是，认为与自己真正在乎的人分享情感会让我们受益更多，似乎也是合乎逻辑的。

科恩和他的同事认为，以上两种观点都是正确的。在他们的研究中，与丈夫或陌生人牵手均会降低女性大脑中与压力和威胁相关区域的活跃度。然而，当女性和她们的丈夫手牵手时，获益最多。这些结果表明，在压力缓冲方面，有亲密接触总比没有亲

密接触好，与爱人的亲密接触好过与陌生人的亲密接触。因此，我们可以说，在论文答辩或其他任何压力事件发生之前，得到拥抱、亲吻或轻拍后背总比什么亲密接触都没有要好。只不过，当这些行为来自我们所爱的人时，对我们的益处最大。

压力事件后的情感表达也是有帮助的

回想一下我第一天在暑期班上课的可怕经历，以及后来我朋友给我的拥抱。这个故事的重要之处在于，如此一个简单的动作——拥抱——让我感觉好了很多，尽管它并没有改变之前发生在我身上的任何事情。

你可能会想到这样的场景：在经历压力事件之后，一个拥抱、一次触摸，或者哪怕是一句亲切的话语都会让你感觉好很多。也许这些动作让你在情感上有了更好的体验，因为这让你知道，你并不孤单——你身边有人支持你。在这种情况下，爱不仅仅能够在情感上帮助你，它还能帮助你的身体从压力的影响中快速恢复过来。

请记住，当我们面临潜在的威胁时，感觉到压力对我们来说是一件好事，前提是我们的压力反应要在一定范围内。同时，无论我们的压力反应强度如何，如果我们能在威胁过去后相对较快地恢复到正常状态，那也是好的。不要让压力持续太久，因为我们的身体最终会在这个过程中伤到自己。一旦威胁（必须要做的

演讲，与老板争论，对预期体检结果的担忧）结束，我们的身体最好能尽快恢复到正常状态。

研究表明，在压力事件后分享情感让我们感觉良好的一个原因是，它可以让我们的身体快速从压力中恢复。我们在实验室里证明了这一点，在给所有研究参与者施加压力之后，我们把他们分为 3 组：

第一组：情感组。要求参与者想他们所爱的人并写信给他 / 她。信中要表达他们有多在乎这个人，以及为什么他 / 她对他们如此重要。如果他们愿意，他们还可以把信寄出去。

第二组：思维组。这一组的参与者也被要求想他们所爱的人，但不用写信给那个人，而是静静地坐下来思考为什么他们如此在乎那个人。

第三组的参与者则只是安静地坐着休息。

在研究中，每个人在压力下要么写信、要么思考、要么休息 20 分钟。在这段时间里，我们会监测他们的压力水平变化。

哪一组能够最快从压力中恢复？你可能会认为是那些安静地坐着休息的人——但正如你可能经历过的那样，即使你的身体试图恢复，你的大脑却仍然处于压力下的紧张状态。人们经常会坐下来思考一些事情，但这往往会使我们的血压和皮质醇水平居高不下。而写“情书”的一组恢复得最快，与其他两组的人相比，

他们的身体能够以更快的速度恢复到正常的应激状态。

◇ 你知道吗 ◇

对于女性来说，如果前一天与伴侣有身体上的亲密接触，第二天她的压力会减少，情绪也会更加积极。

问题是：是什么帮助他们快速从压力中恢复的呢？是想念他们所爱的人，还是把他们的想法用语言表达出来？当想到生命中重要的人的时候，我们中的许多人会感觉很好——经历压力事件之后想起他们感觉可能会更好——因此，写情书的那组人恢复得最快，可能不是因为他们写了充满爱意的信，而是因为他们心里想着他们所爱的人。要弄清楚是不是真的如此就要看第二组的测试结果：如果他们也比坐着休息的人更快地从压力中恢复过来，那么就意味着想到所爱的人（而不是表达爱）能够帮助人们快速从压力中恢复。

答案是，仅仅想到所爱的人（但不写信给他们）并不比什么都不做更有益。第二组和第三组的人从压力中恢复的速度是一样的——只有写“情书”的一组恢复得最快。

从这项研究中，我们可以得出一个结论：将感情用语言表达出来有一种特殊的作用，这能够帮助人们快速从压力中恢复过来。仅仅是感受到爱并不能做到这一点，关键是要将爱表达出来。

掌握主动权

这些实验表明，在压力事件后分享情感有助于人们从压力中恢复，但有一点很重要，当你感到痛苦时，没有必要等待别人来向你表示关心。相反，你可以通过与他人的亲密交流来加快自己的恢复。与其等待一个拥抱，不如先给别人一个拥抱——打电话或者写情书亦是如此。你收到来自你在乎的人的情感表达或向其表达自己的感情，会帮助你的身体尽快回到平静、无压力的状态。

感情对人的重要性无论怎样夸大都不为过，所以分享情感有助于我们的身心健康也就不足为奇了。你在经历情感剥夺吗？继续阅读下一部分，评估自己对感情的渴望程度，并与他人的测试结果做个比较。

停下来思考

在本章中，我们了解到，无论是作为一种状态还是一种特质，亲密行为都有助于身体健康，尤其有助于我们管理压力。在进入下个部分之前，请考虑以下这些问题，并写下你的答案：

- 当得知自身特质情感水平时，你是否感到惊讶？是高于你的预期还是低于你的预期？这将如何改变你对自己以及自身人际关系的看法？

- 在什么情况下，你会表达比平时更多的感情？在什么情况下你会表现得不那么热情？
- 在你的生活中，你是如何运用感情来有效管理压力的？

第二部分

你从未意识到你有多渴望感情

第二部分的任务主要是诊断我们自己的情感饥饿程度。我们还将找出人们在应对孤独时所犯的错误，以及自我毁灭型的应对孤独的方式。“情感饥饿与你”一章，帮助你判断自己是否处于低度、中度或高度情感剥夺风险，并分析测试结果。“孤独：遭遇‘情感饥饿’”一章，我们探讨了社会脱节对我们的心理、感情和身体造成的诸多伤害。最后一章，“对抗孤独：你一定走过的那些弯路”，解释了人们在生活中试图吸引更多社会联系时所犯的一些常见错误，并指出了几种弊大于利的应对策略。

情感饥饿与你

试想一下，一场难以想象的凶猛热带风暴正在摧毁你的家乡，风速接近每小时 280 千米，猛烈的风暴淹没了你的城市，淹没了房屋、道路以及其他一切。在一年中最热的几个月里，你所需要的一切食物、住所、药品、饮用水和电力都被摧毁了。更糟糕的是，你所依赖的保护你安全的地方和州当局似乎并没有做什么来帮助你。

在这种痛苦的状态下，你能指望多少人站出来帮你？

这是许多卡特里娜飓风幸存者必须思考的问题。2005 年 8 月，飓风“桑迪”（美国历史上死亡人数最多的五大飓风之一）袭击了新奥尔良市，成千上万的人陷入绝望，基本的生存必需品极其短缺 。也许你还记得那些航拍的新闻照片——幸存者被困在屋顶，被洪水包围，无法逃脱，极度渴望救援。难道他们忘了市长几天前就下令强制撤离这座城市吗？为什么他们现在还被困在那里，生命危在旦夕？

在卡特里娜飓风发生后的几天里，一些居民逃到了安全的地方，但是还有很多人被困在那里，大多数人都对此有意见。也许是市政腐败——新奥尔良政府的一个不幸但却由来已久的传统——阻碍了疏散计划的实施。联邦紧急事务管理局当然也有责任，路易斯安那州州长办公室或许也有责任。还有种族主义的指控——白人获救，而黑人却被抛在后面——这一度成为讨论的焦点。还有人反驳说，生存机会更多地取决于财富，而不是种族，因为富裕的非洲裔美国人比贫穷的白人生活得更好。

但我还是对那些被困在屋顶上的人们感到好奇。他们被困在那里，是因为他们穷，还是因为他们是少数民族，或者是因为他们的政府无能、腐败。然而，如果他们之前按照市长的命令撤离了这座城市，他们就不会被困在那里了。难道这些不幸的人就没有可以依靠的人来帮助他们吗？当撤离命令下达时，他们找不到可以帮助他们安全撤离的人吗？一个都找不到吗？

这事听起来好像不太可能，事实上可未必。在某些极端情况下，你是否能生存取决于他人的帮助——我希望你从来没有遇到过这么可怕的事情。那么，花点时间审视一下自己的社交圈。想想能和你聊天的人。当你的生活中发生了一些重要的事情，你有可倾诉的人吗？想想过去的 6 个月里，你都和谁谈论过你的生活？

1985 年，美国国家科学基金会发起了一项大规模的社会学研

究，在调查过程中，研究人员向数千名美国人提出了这个问题。90% 的美国人说自己至少有一个知己，可以与之分享生活中重要的事情。只有 10% 的人说他们没有人可以交谈。二十多年后的 2006 年，社会学家再次提出了这个问题。然而，这一次的结果显示出一个令人不安的趋势：美国人变得越来越孤独。当被问及他们可以和谁谈论重要的事情时，足足有 25% 的人说“一个都没有”。

约 1/4 的美国人（将近 8000 万人）找不到一个可以与之谈论生活中重要问题的人。那么又有多少人会说，没有人来帮助他们应对自然灾害?

美国人渴望真正的人际交往。也许这也是你的感受——如果是这样的话，你并不孤独。不过，在治疗诸如孤独和情感饥饿这样的问题之前，你需要先诊断一下自己的情感饥饿程度，这也是我们接下来要做的。

情感剥夺指数自测

每个人都有感到孤独或被孤立的时候，得不到自己想要或需要的感情。偶尔经历情感剥夺是正常的，这通常也不成问题，因为我们最终会回到情感需求得到满足的状态。但是，如果长期缺乏感情，就会有问题了。你的情感剥夺指数有多高？阅读并回答“问问你自己”部分中的问题来找出答案。

◇ 问问你自己 ◇

用数字 1~7 表明你对下面每一项陈述的认同程度。数字越大，代表符合程度越高；数字越小，代表符合程度越低。

- 相对于我目前的亲密关系，我想得到更多的爱。
- 我常常希望自己得到更多的爱。
- 生活中，我没有得到足够的爱。
- 我希望我生命中的人们能更经常地拥抱我。
- 感情是我生活中最需要的东西。
- 我很少能从别人那里得到我想要的那么多的爱。
- 总的来说，我觉得我的感情被剥夺了。
- 我希望我爱的人能更多地表达他们对我的爱。

将所有数字相加，你的总分应该在 8 到 56 分之间。[1]

“问问你自己”中的问题来自一个名为“情感剥夺指数”的量表，该量表用于研究人们长期经历情感剥夺的体验。让我们看一下你的分数意味着什么。

1. 这些项目最初出现在弗洛伊德 Floyd, K.(2014)，情感剥夺与健康相关，西方通讯杂志 78：383-403。经许可转载。

自我诊断

如果你的得分在 8~23 分之间，那么你处于长期情感剥夺的风险就很低。在你的生活中，你可能有很多亲密的关系，或者只有少数亲密关系。无论处于哪种情况，你通常觉得你从你在乎的人那里得到了足够的爱。虽然有时你希望得到更多的爱，但这种情况很少发生，也不会给你带来持续的痛苦。

如果你的得分在 24~40 之间，那么你就处于中度长期情感剥夺的风险中。无论你是和很多人的关系都很亲密，还是只维持很少的亲密关系，你都会发现自己总是希望得到比实际更多的爱。你感激你生命中的人，你也知道他们关心你，但你更希望他们更多地表达对你的感情。你想要的感情和你得到的感情之间的差距比较大，但它给你带来的并不是实质性的痛苦。

如果你的得分在 41~56 之间，那么你就处于高度长期情感剥夺的风险中。也许你有一段亲密关系，足够亲密，但你却渴望从你生活中的其他人那里得到更多的爱，或者，你可能觉得生活中没有人能真正满足你的感情需求。在这两种情况下，情感剥夺体验往往会给你的思想带来沉重的负担。即使在你的生活中有很多人围绕在你身边，你也可能会感到孤独，因为没有人真正“懂”你。你可能也会因此而感到沮丧，即使不是一直如此，也是经常如此。

以上是对 3 个级别分数的概括描述——低风险、中度风险和高度风险——也许描述得不完全准确。没有两个人的情感剥夺经

历是完全相同的。不管你的分数是如你所料还是让你出乎意料，这些描述大体上反映了各个级别的人们的状态。

你处在高风险人群中吗

当你对自己的分数有所了解后，与和你相似的人进行比较是很有帮助的。如下图所示，从性别方面看，男女处于中度风险的比率最高，男性处于中高风险的比率比女性略高；而女性比男性更有可能处于低风险；我们发现，在情感剥夺量表中，男性的得分通常高于女性。

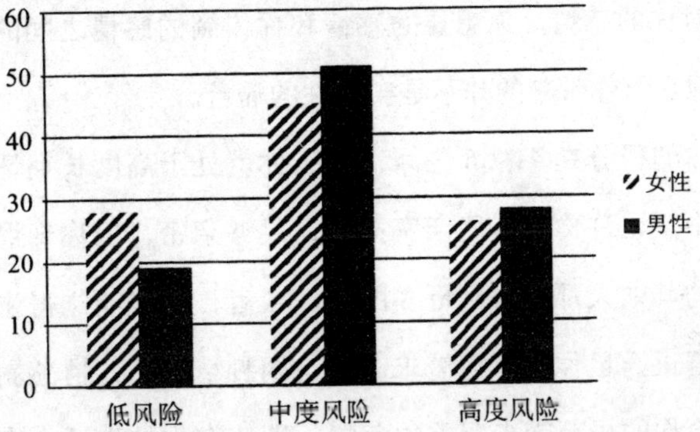

处于低、中、高风险长期情感剥夺的男女比例

从种族背景方面看，如下图所示，各种族处于中度风险的人依然比处于高风险或低风险的人多，但各种族之间存在一些差异。

例如，对美国人的情感剥夺情况调查显示，亚洲裔处于中度风险的比率最高，而处于低风险的比率最低；处于低风险的人中，拉美裔占的比率最高（其次是非裔美国人），而高风险人群中，白种人所占的比率最高。

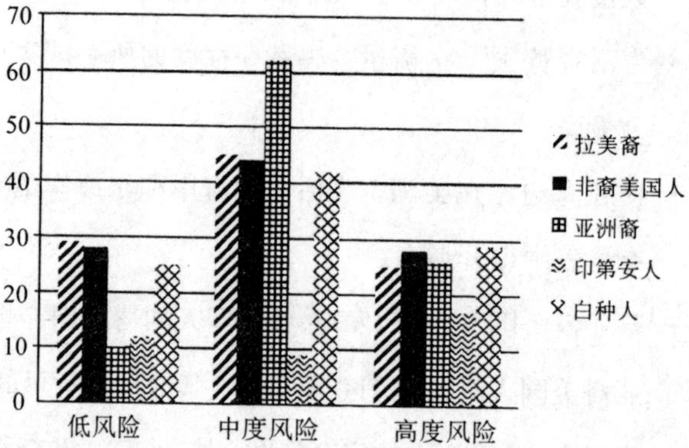

处于低、中、高风险长期情感剥夺的种族群体比例

根据你自己的性别和种族，你可以将自己同那些与你有相似背景的人的得分进行比较。然而，由于本书的重点是关注那些经历孤独的人，因此，我们会更深入地研究那些处于情感剥夺高风险的人群的特征。什么样的人容易处于情感剥夺高风险中？

来自世界各地的研究参与者已经完成了情感剥夺指数量表。通过查看这些数据，我们就能知道哪些人容易处于情感剥夺高风险。当然，也有例外——事实上，任何人都可能感到孤独或情感

剥夺。研究表明，处于情感剥夺高风险的人中大多数：

- 是男性。大多数使用情感剥夺指数量表（尽管不是全部）的研究发现，男性的平均得分高于女性。
- 单身或离异。单身（未婚）和离异的成年人在情感剥夺指数量表中的得分高于已婚者和丧偶者。
- 生活在德国。在衡量情感剥夺程度的所有国家中，德国得分最高。
- 住在海边。在美国，生活在西海岸和东海岸的人在情感剥夺量表中得分最高。
- 是亚裔美国人。我们发现，在美国人的情感剥夺指数量表中，亚裔美国人的情感剥夺程度高于其他种族背景的美国人。
- 赚钱更多。一个人的家庭总收入越高，情感剥夺程度就越高。
- 患有精神疾病。缺乏情感的成年人更有可能患有焦虑症（如恐慌症、社交恐惧症、强迫症或创伤后应激障碍）和情绪障碍（如抑郁症、双相情感障碍或物质诱发的情绪障碍）。
- 是神经质。神经质是一种人格特质，指人易于焦虑、喜怒无常、嫉妒和担忧。那些感觉被剥夺了情感的人往往也是神经质性格。
- 没有人可以求助。和在卡特里娜飓风中被困的许多人一样，缺乏情感的人更有可能说，在需要帮助时，他们没有可以求助的对象。

当然，并非一个人的所有特征都会影响他或她的情感剥夺程度。例如，情感饥饿与人的年龄、身高、体重、教育水平或孩子的数量几乎没有关系。

分析数据

如果我们要从上述得分比较中找出处于情感剥夺高风险的美国人的原型，那就是一位住在海边的离异亚裔美国人，他赚钱很多，性格神经质，患有焦虑症或情绪障碍。我们可以十分肯定地说，这样一个人（如果他在现实生活中存在的话）很可能会觉得他很少能得到情感上的满足。然而，重要的是，我们无法确定这些属性是否会导致情感剥夺。例如，离婚人士比已婚人士更容易有情感剥夺感，而这并不一定意味着离婚会导致情感剥夺。但是，情感剥夺有可能会增加人们离婚的概率。同样的道理，有情感剥夺感的人更有可能患有焦虑症或情绪障碍，但这并不能证明有这种症状就会导致情感剥夺。这些只是群体之间的比较，并不一定存在因果关系。

当谈到诸如感情之类的社会行为时，收入水平或神经质等特征也是影响因素，但影响并不大。人们的行为方式各不相同，很大程度上是受性别和文化背景的影响。让我们进一步了解它们与情感饥饿之间的关系。

女人想要的爱更多吗

我们大多数人都认识到，女性和男性，以及不同文化群体的人，是不同的，因此在情感剥夺中发现性别和文化差异可能也就不足为奇了。然而，是什么导致了这些差异呢？当谈到情感剥夺时，为什么要考虑性别和文化因素？

情感剥夺的性别差异

平均而言，男性比女性更容易有情感剥夺感。（差异并不大，男性的平均得分仅比女性高 2 分。这一差异可能比我们想象的要大，但也不是很大。所以我们要注意，不要小题大做。）我认为有两种情况特别值得考虑。请记住，剥夺这个概念本身就意味着我们想要或需要比我们所得到的更多的东西。这就产生了两种可能性，可以用来解释为什么男性比女性更容易产生情感剥夺感：

1. 也许男性和女性从他人那里得到的爱是一样多的，但男性却比女性想要更多的爱，这使得男人更容易产生情感剥夺感。
2. 也许男性和女性想要同样多的爱，但是女性得到的爱比男性的多，这也会导致男性觉得被剥夺了更多的感情。

这两种情况都是可能的，但它们不可能同时为真。那么到底哪一个是真的呢？根据研究，第二个为真。一般来说，女人

和男人想从他人那里得到同样多的爱。这并不一定意味着他们需要来自同一个人的爱，或者在同一时间，以同样的形式出现的爱，他们只是想要同样多的爱。我对此并不感到特别惊讶，就像当我得知女性和男性需要同样多的睡眠、水或氧气时，我也不会感到惊讶一样。很明显，人与人之间存在差异——不是所有女人都想要同样多的爱，也不是所有男人都想要同样多的爱。然而，当你只是简单比较女性和男性想要什么时，你会发现两组数据是一样的。

吉恩的故事

和许多其他六十多岁的人一样，吉恩的生活充实而忙碌。他和妻子埃莉诺养育了3个孩子，3个孩子都已结婚生子。吉恩刚退休不久，现在他和埃莉诺独处的时间比他们婚姻中的其他任何时候都多。他们之间一直保持着适度的亲密关系，但埃莉诺也有很多来自教堂的亲密朋友，她经常和她们在一起，而吉恩的空闲时间则独自在他的院子里或车库里工作。虽然吉恩从不说自己被剥夺了感情，但他私下里却渴望得到更多的感情。

然而，重要的是，女性得到的爱比男性多，至少在北美是这样。对于这种性别差异，有很多可能的解释：

- 人们可能会发现，与男性相比，女性更平易近人，更容易接受感情，更喜欢亲密行为。
- 像埃莉诺和吉恩一样，女性比男性更有可能加入社交群体，在这些群体中，亲密行为很常见，比如教堂聚会、业余爱好俱乐部或儿童保育机构等。
- 人们认为女性比男性需要更多的爱，因此女性得到的爱更多。

以上 3 点都可以解释这种性别差异，但我们还不知道哪种解释是正确的，也可能是多种原因的组合。重要的是，女人和男人想要同样多的爱，但是女人得到的爱更多（不管是什么原因），这也是为什么男人更容易产生情感剥夺感的原因。

◇ 你知道吗 ◇

在一项有关性别角色形容词的调查中，43% 的人认为“亲密”是一种女性特质，57% 的人认为“亲密”是一种中性特质，没有人认为“亲密”是男性特质。

情感剥夺的文化差异

除了性别对行为的影响外，人们研究最多的可能就是文化对行为的影响了，而且有充分的理由。如果你曾经到国外旅行过，或者与来自其他国家的游客有过互动，你就会知道，来自不同文

化的人会以截然不同的方式与世界打交道。他们可能穿着不同，语言不同，信仰不同，吃的食物不同，交流方式不同，重视的东西也不同。事实上，就像1992年约翰·格雷（John Gray，心理学大师）在书中指出的那样：如果男人来自火星，女人来自金星，那么来自不同文化的人看起来就像是来自其他星系。因此，不同文化群体在孤独感和情感剥夺程度上也不尽相同。

我发现，德国人在情感剥夺量表中的得分最高。对于研究肢体语言和其他非语言交流形式的研究人员来说，德国就是一个所谓的低接触文化的例子，这一点也有助于解释为什么他们的情感剥夺程度较高。当然，并不是每个德国人都是如此，但与其他民族相比，德国人会给自己留有更多的私人空间，人们彼此之间往往不太会互相碰触，因此，他们的文化被称为“低接触文化”。在低接触文化中，人们期望个人空间受到尊重，触摸至少在社交场合中很少发生。虽然人们可以通过语言、面部表情和其他非接触行为来表达感情，但许多最具影响力的情感行为都与触摸有关，比如拥抱、亲吻和牵手。如果触摸受到文化的限制，如德国的低接触文化，那么就很容易理解为什么人们会感受到情感剥夺。

然而，有趣的是：在“情感剥夺”榜单上排名第二的是意大利，而意大利属于典型的高接触文化。与德国人不同，意大利人很少留意私人空间，人们触摸彼此的频率很高。例如，一项观察性研究比较了意大利人、美国人和德国人在公共场合以及社交场合的

触摸频率。在异性关系中，意大利成年人相互触摸的可能性是德国成年人的近4倍（比美国成年人高出8%）。在同性关系中，如果双方都是男性，意大利人相互触摸的可能性是德国人的近3倍，是美国人的近10倍；如果双方都是女性，意大利人触碰对方的可能性是美国人的两倍多。

综合起来看，以上数据证实了许多游客的发现：与德国人和美国人相比，意大利人的感情最丰富。然而，意大利在情感剥夺方面仅次于德国，这一点很令人费解。意大利人当然比德国人更爱拥抱、亲吻、触摸……但是请记住，剥夺是关于我们“得到的”和我们“想要的”或“需要的”之间的差异。尽管意大利人比德国人得到了更多的爱，但他们也完全有可能比德国人想要得到更多的爱——而且他们想要的爱远远高于他们得到的爱。

◇ 问问你自己 ◇

有些文化中的人们属于感情外露型，当你和那些比你更感情外露的人打交道时，你感觉如何？你会觉得不舒服吗？或者你很喜欢？

“情感剥夺”榜排在意大利和德国之后的是加拿大、澳大利亚、巴林、多哥、安道尔、叙利亚、印度和新加坡，这些国家的得分都超过了美国。因此，尽管情感剥夺在美国人当中是一个普遍的问题，但在世界其他地方似乎更为普遍。

在美国，南方地区和夏威夷的情感剥夺程度是最低的。虽然夏威夷和南方的文化有明显的不同，但这些地方的一个共同特点就是温暖。也许你认为情感剥夺和气候没关系，但多年的研究表明，在一种特定的文化中，人与人之间的接触程度与这个文化群体离赤道的距离有着密切的关系。离赤道越近，气候就越热，人们彼此之间的接触频率也越高。

> **◇ 你知道吗 ◇**
>
> 研究表明，与其他种族背景的老师相比，人们认为西班牙裔教师更亲切、更友好、更乐于助人。

我记得当我第一次听说这种关系时，也感到很困惑，因为这似乎是违反直觉的。老实说，我本以为生活在寒冷气候下的人们会更多地触碰彼此，哪怕只是因为他们需要温暖。最重要的是，我知道当我自己热得汗流浃背的时候，我可不愿意再去触碰别人。气候影响触摸行为的说法实际上是在 18 世纪中期，由法国哲学家孟德斯鸠提出的。他推测，人们生活的环境会影响他们性格的形成。具体来说，他认为生活在寒冷气候下的人会形成冷漠的性格，而生活在炎热气候下的人往往脾气急躁、亲和力较强。（或许是出于利己的原因，他提出，培养良好性格的理想环境是他的祖国——法国。）

对于现代社会科学家来说，孟德斯鸠理论的要点是，生活在温暖环境中的人们总体上更善于表达，不仅仅是通过触摸的方式，还通过各种形式的肢体语言和语言交流的方式。想想那些来自地

中海国家的人，如希腊、意大利或西班牙，我们脑海中很容易浮现出他们用声音、面部表情和手势与他人清晰而有力地交流的画面。再想想那些来自阿拉斯加北部或西伯利亚的人，相比之下，他们要含蓄得多。为什么会这样呢？孟德斯鸠认为，在寒冷的天气里，血液会从肢体的末端流到身体的核心部位，血液循环减缓以保存能量。因此，寒冷的天气会使人们不愿意做过多的动作或表情，以免浪费体力。然而，当天气足够温暖时，人们的身体就会放松下来，能量需求减少，所以人们也会表现得更加热情。

◇ 你知道吗 ◇

在气候温和的地区，大学生之间的触摸也会变多。在一项针对全美大学的研究中，沟通专家詹尼斯（Janis）和彼得·安德森（Peter Andersen）发现，明尼苏达大学和华盛顿大学的学生之间的触摸最少，这两所大学都位于美国北部边境附近。相反，圣地亚哥州立大学和亚利桑那州立大学的学生触摸最多，这两所大学都位于南部边境附近。

情感并非一成不变

在上一部分中，你知道了自己的特质情感水平——也就是说，在你的生活中，在给予和接受他人的情感方面，你有一个“设定值”。既然你已知道了自己属于哪种类型，接下来又能做些什么呢？你的情感水平是一成不变的，还是可以改变的呢？

与许多性格特征一样，情感特征也是先天与后天相互作用的产物。有些特征——比如褐色的眼睛、O 型血，或者镰状细胞贫血症——是先天决定的。对于这些，一个或多个基因就可以决定结果。如果你的血红蛋白分子 ß 珠蛋白链发生了突变，不管你赚了多少钱，父亲离你有多远，或者你有多少网络好友，你都会患上镰状细胞病。环境影响——也就是后天的作用——与你的眼睛颜色和血型无关。然而，对于许多身体特征以及大多数心理和行为特征来说，遗传和环境条件都是影响因素。以攻击性特征为例，为什么有些人比其他人更具攻击性？研究表明，人们攻击性水平的变异大约有 44%源自父母的遗传基因，其余则是受人们所处环境不同的影响，包括经济状况、宗教信仰和接触媒体暴力的程度。

情感受后天的影响

迄今为止，只有少数研究涉及情感的决定因素。与攻击性和其他行为特征一样，遗传和环境似乎都对情感有影响。在一项研究中，传播学教授马克•莫尔曼（Mark Morman）和我考虑了这样一种可能性：人们的情感水平与他们父母的情感水平有关——也就是说，我们也许是通过观察父母的行为来学习如何表达感情的。研究围绕男性与父亲的关系展开。大量的研究已经表明，那些拥有慈爱的、细心的父亲的男孩长大后也会成为有爱心的、细心的男人。因此，我们推断，一些非常有爱心的男人会说，他们

是在极有爱心的父亲的陪伴下长大的。在发展心理学中，这种现象被称为建模：即通过观察我们的行为榜样（如我们的父母）来学习以某种方式行事。

克雷格的故事

克雷格记得，当他和妹妹还小的时候，他们的父亲经常拥抱和亲吻他们。然而，当他开始上中学后，他的父亲就不再对他有任何亲密举动了，但是父亲还是会经常拥抱和亲吻妹妹。克雷格认为，当他十几岁的时候，他的父亲觉得他已经长大了，是一个男子汉了——而他的父亲从来没有和其他男人有过亲密举动。克雷格说，在过去的34年里，他的父亲一次也没有再拥抱过他，甚至在他的婚礼上也没有。他真的很想和父亲建立一种更亲密的关系——就像他和自己的儿子们那样——但这很难实现。

我和莫尔曼教授也意识到，有些人会通过成长为温暖、有爱心的人，来补偿其与父母间的情感疏离。补偿是指以与我们在他人身上观察到的不同——通常是相反——的方式行事。例如，从小受到父母虐待的人，可能会下决心一定要好好爱自己的孩子，以弥补自己所遭受的虐待。同理，一些非常有爱心的男人也许会说，他们的父亲一点儿感情都没有。

我们在研究中发现：那些最慈爱的父亲们，他们的父亲要么

是感情很丰富的人，要么是没什么感情的人。换句话说，男性情感水平的不同至少有一部分是由他们父亲的情感水平造成的。人们很容易用这一发现来论证“情感模式是后天习得的”——也就是说，儿子通过观察并模仿父亲的行为来学习如何表达感情。很明显，建模和补偿具有直观意义。如果我在一个感情丰富的父亲的陪伴下长大，我会通过观察并学习他的情感表达方式，自己也成长为一个感情丰富的人；如果父亲与我感情疏远，我会避免像他那样，自己学习成长为一个有爱的人。我们从父母那里学到了很多东西，无论是通过直接指导还是被动观察，父母都教会了我们很多，包括我们的第一语言、宗教和道德信仰、文化习俗，以及从系鞋带到开车的各种生活技能。

感情也受先天影响

我们的特质情感水平也会有遗传成分吗？最近的一些研究肯定了这一点。在一项研究中，我和传播学教授阿曼达•丹尼斯（Amanda Denes）研究了“rs53576”基因对催产素受体基因变体的影响。也许你还记得，催产素对身体有镇静和缓解疼痛的作用。和其他激素一样，它只对那些携带受体基因的器官和组织有影响。让我们把催产素想象成钥匙，把受体基因想象成钥匙孔。就像一把钥匙只有在锁孔合适的情况下才能打开锁一样，催产素也只有在找到特定受体基因时才能发挥作用。

我和丹尼斯发现 rs53576 的基因变异与一个人的特质情感水平有关。而且，在某些社会环境中，基因对情感的影响力可能比在其他社会环境中的影响力更大。很多因素——包括你对亲密关系的信任程度——都会影响你的情感水平。

那么，到底是什么决定了人们的特质情感水平呢？目前为止，我们还无法完全回答这个问题。但我们可以肯定地说，人们的情感水平会受到基因、社会环境和个人经历的影响。也就是说，情感水平并非取决于先天还是后天，而是“先天加后天”共同作用的结果。

感情是如此重要的一种需求，以至于当我们没有得到足够的爱时，我们就会感到很痛苦。正如下一章所说，孤独感、与社会脱节、情感剥夺会导致各种各样的生理和心理问题。

停下来思考

在这一章中，我们评估了自己的情感饥饿程度，并了解到情感剥夺是如何因人而异的。在进入下一章之前，请思考以下问题并写下的你的答案：

- 假设你的爱人或最好的朋友替你填写了情感剥夺指数量表。他/她对你的评价会和你对自己的评价一样吗？
- 你是如何注意到文化背景对亲密行为的影响的？
- 你认为自己的特质情感水平在多大程度上是受后天影响，而非先天决定的？

孤独：遭遇“情感饥饿”

我们很多人在成长过程中都曾因为这样或那样的特点而被他人嘲笑。眼镜、牙套、红头发、不同寻常的宗教信仰、不同的肤色——我们可能会因为突出而被取笑，尤其是在青春期。但是我们都挺过来了。随着时间的推移和成熟的魔力，我们逐渐认识到，正是这些不同造就了我们各不相同的性格和品质。多年以后，那个戴眼镜的害羞女孩成为一名具有创新精神的校长；那个戴助听器的孩子现在州议会工作；那个因为牙套而被取笑的男孩是一位慈爱的父亲，更能用同理心对待孩子。我们的不同非但没有限制我们，反而成就了我们别样的人生，让我们成为我们想成为的人。

换句话说，不管别人怎么想，我们学会了接纳自己。我们意识到，表面上的差异并不重要。只要大家都能够挺过自己的青春期，就能够意识到：学会接纳自己才会有充实的人生。

但有另外一些人可能会选择自杀。无论是出于正常的焦虑还是病态的痛苦，自杀者无疑是因为其无法融入社会导致的。但是，为什么无法融入社会就会导致一个人自杀呢？能这样想，你已然与众不同。也许你会想："与众不同又怎样？"

如果你与众不同，那就做与众不同的人。

当我们庆幸自己比一些人更了解生活时，实际上并非如此。我们也许认为自己已经长大，顺利度过了青春期；我们可以和 Lady Gaga（美国流行女歌手）一起歌唱属于自己独特的美丽；我们可以想象自己是独立选民，高调地捍卫自己不随主流的选择。

但这通常是令人宽慰的错觉。不管我们承认与否，事实是，我们每个人都在努力融入群体，而不是特立独行。我们每个人都需要归属感，我们每个人都需要爱。我之前说过，情感需求是人类固有的基本需求。如果我们不能从他人那里得到我们需要的爱和感情，那么我们的身心健康、认知能力和人际关系就会出现问题。本章将详细说明这一点。

要了解情感饥饿所带来的问题，除了我对这个主题的研究之外，了解一下其他类似的研究也是很有用的。特别是有关社会排斥和孤独的负面影响的研究，这些研究结果都值得我们思考。当然，并不是说社会排斥就会产生情感饥饿，情感饥饿与孤独也不是一

回事。然而，所有这些状态都有一个相似之处，那就是我们所期望的个人接触和与他人联系的不足。因此，我们可以从孤独感和社会排斥的角度来了解情感剥夺。这一章将围绕这 3 个主题展开。

蒂娜的故事

蒂娜从小在德克萨斯州一个关系密切的家庭里长大，家中有 4 个姐妹。她的父母和她的姐妹们都很善于表达感情，而且他们也非常关心彼此。大学毕业后，蒂娜在自己已经生活了近 4 年的明尼阿波利斯找到了一份很好的工作。虽然她很喜欢自己的工作，但与家人的分离让她很难过。尽管她在工作中和健身房里结识了一些朋友，但她仍然感到孤独。有时，她真的极度渴望感情。

躯体：孤独的痛感与烫伤类同

也许情感剥夺和与社会脱节带来的最明显的问题就是对躯体造成的伤害。要想知道为什么会这样，让我们先来想一想我们为什么会经历痛苦。大多数人都不喜欢痛苦的感觉，但是我们其实知道痛苦也有积极的作用。具体来说，疼痛是我们的身体发出警告的一种方式，它会提醒我们，我们的健康正受到威胁，并激励我们采取某种纠正措施。想想如果你不小心碰到滚烫的炉子会怎样。你会感觉到疼痛（这是警告），然后立刻把手从炉子上拿开（这

是纠正措施）。以后，你也会避免在炉子还是热的时候去碰它（这是一种预防措施）。这些都是应对烫炉子事件有用的反应。在许多方面，疼痛就像一个内置的警报系统，提醒我们注意潜在的威胁。尽管我们渴望无痛苦的生活，但感受痛苦的能力对我们的生存至关重要。

在滚烫的炉子上烫伤手会产生身体上的疼痛，但我们也能感受到科学家所说的社交痛苦，这种痛苦是由阻碍我们对社会关系的需求的事件引起的情感困扰。这也是蒂娜感到痛苦的原因——远离亲人的痛苦。如果你曾经被你所爱的人拒绝过，被朋友或亲戚排斥过，或者发现你的配偶不忠，那么你一定知道那种受伤、痛苦和绝望的感觉有多强烈，也就不难想象，被他人欺凌、嘲笑和排斥的人要忍受多么大的社交痛苦。

我们中的许多人都把身体上的痛苦和社交上的痛苦视为两种不同类型的体验。虽然当我们说到心痛或受伤的感觉时，我们知道这通常并不是指字面意义。换句话说，我们大多数人都能分辨出骨折和心碎的区别。然而，身体痛苦和社交痛苦真的不同吗？

来自神经科学领域的证据表明，身体痛苦和社交痛苦并不像我们想象得那么不同。相反，这两种疼痛似乎有着共同的神经基础，每一种疼痛都会激活大脑中部附近的一个被称为前扣

带皮层（ACC）的结构。利用成像技术来检测大脑是如何处理疼痛的研究表明，孤独和社会排斥等经历确实会给人们的身体带来伤害。

许多类似的研究都会使用一个名为“网络掷球”（Cyberball）的创新网络电脑游戏来引发被排斥的感觉。原理如下：你坐在电脑显示器前，屏幕上显示出一幅 3 个人的画面，其中一个拿着球的代表你自己，其余两个代表其他在线玩家（至少别人是这样告诉你的）。游戏开始时，你把球抛给另一个球员，他把球抛给第三个球员，第三个球员再把球抛回给你。继续这个模式几分钟，就像在一个阳光明媚的下午，你和两个朋友在草地上玩抛球游戏一样。然而，不久之后，其他球员把球扔给你的次数减少了，而他们之间的互动次数却增加了。过了一会儿，他们就不再把球抛给你了，只把球抛给对方，好像他们出于某种原因决定把你排除在外一样。一旦发生这种情况，你就会一直被排除在外，直至游戏结束。

你可能已经猜到游戏中的其他“玩家”并不是真人。网络掷球程序是这样设定的：游戏开始几分钟后，便将玩家排除在外（虽然大多数研究参与者在玩游戏时并不知道这一点，但在研究结束时，他们会被告知该项目的真实性质，所以他们不会认为自己真的被排斥了）。

尽管网络掷球游戏中的社会排斥是人为设计的，但这些研究

项目的参与者却真正体验到了被排斥的感觉。事实上，一项研究表明，网络掷球引发的社会排斥会降低参与者的自尊心、归属感和个人控制感，甚至会使他们认为自己的存在没有任何意义。令人惊讶的是，即使参与者被告知游戏的程序就是这样设定的，他们也会产生同样的感觉。我们对连接的需求是如此之大，以至于当被电脑拒绝时，我们也会感到痛苦。

◇ **你知道吗** ◇

研究表明，当人们被排除在群发短信之外时，他们的归属感、个人控制感、自尊和存在感也会受到影响。

社会排斥不仅会降低人们的自尊，而且会给人们带来痛苦。通过神经成像程序，研究人员发现，网络掷球引发的社会排斥对人的大脑（尤其是ACC）的影响与身体疼痛事件相同。换句话说，社会排斥产生的疼痛感与身体受伤引起的疼痛感相似。这一点很重要，因为疼痛的体验来自大脑。当你触摸热炉子时，产生疼痛感觉的同样是你的人脑，而不是你的指尖。在某种程度上，你的大脑对身体痛苦和社交痛苦的反应是相似的，因此，你会觉得两种疼痛的感觉差不多一样。

虽然网络掷球游戏经常被用来刺激被排斥的感觉，但社交中断的痛苦并不仅限于网络掷球玩家。回想一下你在上一章做过的

情感剥夺指数量表。在最近一项涉及美国和其他几个国家的成年人的研究中，我发现情感剥夺与慢性疼痛也有显著的关系。感到与他人隔绝不仅仅与暂时的痛苦有关，还与持续疼痛有关，这种情况困扰着数百万美国人。

◇ 问问你自己 ◇

当你感到社交痛苦时，你会采取什么纠正措施？你觉得哪种方法最有帮助？

鉴于社交痛苦和身体痛苦是如此相似，你可能想知道有没有哪种干预措施是对两者都有效的。当你头痛的时候，也许你会吃止痛药，如布洛芬（止痛药 Advil 和 Motrin 的活性成分）或对乙酰氨基酚（泰诺的主要成分）……但是你会用同样的药物来治疗孤独的痛苦吗？有证据表明这种方法确实有效。一项研究的参与者连续 3 周每天服用对乙酰氨基酚或无害的安慰剂。从研究的第九天开始，那些服用止痛药的人就感觉他们的社交痛苦明显减轻。后来的一项实验发现，布洛芬在减轻社会排斥引发的社交痛苦方面也有作用，不过仅限于女性。

断开联系可能会导致健康状况不佳

正如我在本书中所论述的，我们人类是如此强烈的社会存在，

以至于拥有亲密的、令人满意的社会关系是一种必需品，如果没有亲密且令人满意的社会关系，我们就无法茁壮成长。如果你曾经经历过一段极度孤独的时期，你可能会对此深有体会。在那段时间，你总是感觉不对劲，部分原因是你的身体对缺乏社交联系的反应，就像对缺乏其他必需品的反应一样。其结果是，感到孤独或情感剥夺的人患各种健康问题的风险也会增加。

睡眠中断

这个问题与人们的睡眠质量和时长有关。心理学家约翰·卡奇奥波（John Cacioppo）认为，社交中断会影响健康，部分原因是孤独、不合群的人无法像其他人那样获得足够的恢复性睡眠。问题并不一定是孤独的人睡不着觉，而是他们没有睡足够长的时间来获得睡眠带来的好处。在一项研究中，卡奇奥波和他的同事招募了一些年轻人到他们的临床研究中心过夜，同时监测他们的睡眠效率和睡眠量。在做研究报告之前，参与者填写了他们的孤独、抑郁以及相关情况测量表。在诊所待了一夜之后，他们还监测了自己在家里的5个晚上的睡眠情况。

卡奇奥波和他的团队发现，参与者越孤独，就越无法保持睡眠状态。换句话说，孤独的成年人在入睡后，醒来无法再入睡的时间更长。如果你曾经有过难以入睡的经历，你就会知道这是个问题，

因为它会阻止你进入深度快速眼动睡眠阶段，而这正是你的身体受益最多的阶段。经过这样一个夜晚，你很难感到休息好了——如果你经常经历这种情况，你的身体抵御疾病的能力就会减弱。基于这些调查结果，我发现，人们在情感剥夺指数量表中的得分与他们的入睡能力无关，而与他们整晚都能保持睡眠的能力有关。

免疫系统功能较弱

社会孤立也会造成免疫系统功能较弱。免疫系统能够保护你的身体免受细菌、寄生虫和病毒的侵害。免疫系统由免疫器官、免疫细胞，以及免疫活性物质组成。例如，自然杀伤细胞可以有效保护身体不受癌症侵害。研究表明，孤独的成年人的自然杀伤细胞活性较低。高度孤独的人也更容易感染 EB 病毒，这种病毒会导致单核细胞增多症（也称为“接吻病”）。实际上，大多数人体内都携带有 EB 病毒，但这些病毒通常处于非活性状态，不会给我们带来任何问题。然而，如果你特别孤独，你的免疫系统就必须更加努力工作才能控制病毒。

◇ 你知道吗 ◇

感情特别丰富的人并不比感情不丰富的人拥有更多的免疫细胞，但是他们的免疫细胞活性更高。

除了孤独的影响，遭受情感剥夺的人也更有可能被诊断出至少患有一种继发性免疫疾病。免疫系统疾病有两种形式：

1. 原发性免疫疾病，包括白细胞黏附缺陷和单纯疱疹性脑炎等，都是遗传疾病。
2. 继发性免疫疾病，包括多发性骨髓瘤和艾滋病等，都是由暴露于特定环境而引起的（包括社会环境和自然环境）继发性免疫紊乱，也是身体对社交联系缺失的反应。

事实证明，越是缺乏关爱的人，越有可能被诊断出继发性免疫疾病。换句话说，免疫功能下降与情感剥夺有关，但这只是对后天获得性免疫而言，对先天免疫则没有影响。并不是说情感饥饿一定会引起免疫疾病，但是情感饥饿会影响一个人的社交体验，从而增加其患病的可能性。

让我们以艾滋病为例，来证明这一点。我们知道艾滋病是由人类免疫缺陷病毒（HIV）引起的。感染艾滋病毒的常见途径包括与 HIV 感染者进行无保护措施的性行为，以及与感染者共用针头。相对于那些得到了足够关爱的人来说，孤独的人更容易出现这两种行为。

我们可以推测，那些感到孤独和经历情感剥夺的人，通常会采取最便捷的方式来寻求社会接触，以应对自己的孤独感，即使这样做会危及他们的健康，他们也甘愿冒险。例如，与在网上认

识的陌生人发生性关系，这至少能让他们有一次短暂的亲密接触体验。同理，与他人分享消遣性毒品也为他们创造了一个短期的社交机会。与陌生人随意发生性关系会增加感染艾滋病毒或其他性传播疾病的概率（尤其是当人们不知道其随机性伴侣的性史时），而消遣性毒品会给人们带来一系列医疗和法律风险。这些都是潜在的重大问题，但有时孤独更让人难以承受，极度孤独的人会为了与他人建立某种联系而甘愿冒这样的风险。

事实上，研究证实了这种推测。有些人确实会以适得其反的方式来应对社会脱节、孤独和情感剥夺。其中包括与陌生人发生性关系和使用非法静脉注射毒品，而这两种行为都会增加感染艾滋病毒和患艾滋病的概率。

我们在此讨论的一些健康问题，也很可能是由于孤独、缺乏关爱的人糟糕的卫生保健习惯造成的，这也是我们接下来将要讨论的问题。

断开联系会导致自我保健意识降低

感到孤独和被孤立的人不仅健康状况比其他人差，自我照顾能力也差。与那些社交生活丰富的人相比，孤独的成年人很少锻炼，经常喝酒，更有可能吸烟，每天会摄入更多的卡路里，所有这些都会导致并加剧他们的健康问题。

值得注意的是，研究发现：当人们感到与他人失去了有意义

的联系时，他们就不会再像应有的那样好好照顾自己。当然，不良的习惯可能会加剧孤独带来的身体健康问题。让我们来看看一些与社会脱节有关的不良健康习惯。

缺乏足够的运动

有规律的运动对健康有很多益处，包括保持健康的体重，调节胆固醇和血糖，增加能量，促进更好的睡眠等。然而，研究表明，孤独和羞怯都会使人们不愿意锻炼。一项研究发现，与同龄人相比，那些极度害羞或极度孤独的大学生根本不运动或很少运动。不幸的是，这种影响并不局限于大学生。在后来的一项针对老年人（年龄在 50~68 岁之间）的研究中人们也发现，孤独的参与者比同龄人锻炼的频率低，他们也更有可能完全放弃锻炼。久坐不动的生活方式会带来很多问题——肥胖、高胆固醇和高血压等，而孤独显然是导致这些问题产生的危险因素。

至少有两个可能的原因可以用来解释为什么与社会脱节会阻碍锻炼：

- 锻炼通常是一种社交活动。很多人会与亲密的朋友或亲戚一起跑步、骑自行车或游泳，这有助于人们享受锻炼的乐趣。但是如果你感觉与任何人都没有联系时，就很难做到这一点。
- 感到孤独或情感剥夺的人可能会有意识地或潜意识地认为，

锻炼毫无意义，因为他们无须为谁保持身材。

不管是什么原因，缺乏锻炼往往与其他不良的健康习惯相伴而生，对那些与社会脱节的人来说也是如此。

酗酒和吸烟

人们对孤独有一种刻板印象。谈到孤独，你的脑海中可能就会浮现出一个人独自坐在酒吧里，“从杯底寻找爱”的画面。与许多其他刻板印象一样，这也有一定的道理，因为多项研究发现，社交孤立与酗酒之间确实存在联系。酗酒者在孤独感测试中的得分也往往比其他群体的更高。将自己视为问题饮酒者，且自己的健康、人际关系和经济状况因饮酒而受到负面影响也会给人们带来孤独感。此外，孤独的人更有可能吸烟，从而增加了他们患呼吸道疾病、肺癌和心脏病的风险。

不良饮食习惯

社交孤立与不良饮食习惯有关。尤其是那些感到孤独和被孤立的人，他们每天摄入的脂肪比例更高。虽然我们的身体需要脂肪才能正常运作，但脂肪不该成为我们饮食中的主要部分。根据美国心脏协会的数据，在健康的饮食中，每天的脂肪摄入量应为总能量的 25%~35%。研究表明，对于年轻人来说，孤独感和脂肪

消耗之间并没有关系，但是对于中老年人则不然。在一项针对美国中年人的研究中，心理学家约翰·卡乔波（John T. Cacioppo）波发现，人们平均每天有34%的热量来自脂肪。其中，最不孤独的中年人每天只有29%的热量来自脂肪，而最孤独的中年人的这一比例为39%，大大超过了健康饮食的推荐上限。

心理：孤独导致各种心理疾病

与社会脱节不仅对身体健康有影响，许多人发现他们的心理健康也因缺乏有意义的人际关系而受到影响。我们已经知道，孤独和社交孤立与痛苦相关——但痛苦并不总是指身体上的痛苦。很多人感到的是孤独带来的精神上的痛苦。

从广义上讲，孤独和情感缺失的人感觉欠佳。研究人员有时会用“一般健康问卷”来衡量一个人的整体心理健康状况。测试的问题包括：你最近有没有因为担心而失眠？你是否经常感到有压力？紧张和失眠是非特异性症状——也就是说，它们可能与多个心理健康问题有关——但这确实表明，一个人处于某种程度的精神痛苦。

我用一般健康问卷和情感剥夺指数量表对参与者进行了研究。不出所料，这两个量表的分数密切相关：人们的情感剥夺指数越高，他们就越有可能经历精神和情感上的痛苦。这表明了心理健

康和情感饥饿之间的联系，但是我们并不知道经历情感剥夺的人可能会有哪些具体类型的心理健康问题。

和身体健康一样，心理健康也存在各种各样的问题。包括从抑郁症和应激障碍到梦游症、厌食症、性别认同障碍、自恋人格障碍、恐慌症和自闭症等十几大类精神疾病。这些疾病各不相同，但它们都与社交、认知或情感障碍有关。我们当然不希望看到情感剥夺与所有类型的精神疾病相对应，但它与一般健康问卷的关系表明，至少有些精神疾病在孤独、经历情感剥夺的人中更常见。

抑郁症

最常见的就是抑郁症。记住，人类是高度社会化的物种——我们对社会关系有着强烈的需求。当人们在生活中感到被排斥或生活中有意义的联系被切断时，人们会感到悲伤和抑郁——想想如果你总是被那些本应是你的朋友的人拒绝、欺负和威胁时，你会有什么样的感觉。如果没有体验到社会的包容，在类似的情况下，我们很多人都会出现抑郁的症状，如自我厌恶、易怒、悲伤和消极的想法，以及绝望的感觉。事实上，研究证实，抑郁症在情感剥夺指数较高、孤独和被社会排斥的人群中更为常见。

> **◇ 你知道吗 ◇**
>
> 感情不丰富的人也更容易对亲密关系感到不舒服，并且觉得亲密关系不重要。

与社会脱节会导致抑郁吗？不难想象这是完全可能的。被欺凌或遭到其他形式的社会排斥的人更有可能患上抑郁症……所以，除非人们在被欺负之前就已经抑郁了，否则很可能是被欺负导致了他们的抑郁。抑郁症也有可能导致社会脱节。这是因为当我们感到抑郁的时候，我们最不愿意做的事情就是和别人在一起。抑郁通常会让我们把精力集中在内心，更喜欢独处而不是与人交往。因此，我们可以说，抑郁症既是社会剥夺的原因，也是社会剥夺的结果。

用临床术语来说，抑郁症是一种情绪障碍，是一种以情绪低落为主要特征的精神疾病。抑郁症常伴有焦虑症状，如恐慌症、强迫症、创伤后应激障碍或分离焦虑症。这让我开始留意情感剥夺是否与人们被诊断出的情绪和焦虑障碍的数量有关。在对来自美国和其他国家的五百多名成年人进行的一项调查中，我使用了情感剥夺指数量表，然后列出了一系列情绪和焦虑障碍，要求参与者说明自己被诊断出患有几种疾病（尽管我没有要求他们具体说明是哪种疾病）。正如我所料，人们的情感剥夺指数越高，他们被诊断出的情绪或焦虑障碍的数量就越多。

述情障碍

心理缺陷往往会影响人们的社交体验。比如，自闭症会阻碍患者语言技能的发展，并限制其理解社交暗示（如面部表情）的能力。尽管许多自闭症患者拥有高度发达的记忆力或数学能力，

但他们的社交能力却往往相当弱。

述情障碍在很多方面与自闭症相似。但是，述情障碍并不是一种精神疾病，而是一种人格特征，它会影响人们理解和表达自己的感情的能力，以及解读他人情感信号的能力。举个例子，想想美剧《生活大爆炸》中的谢尔顿·库珀。虽然“谢耳朵”是公认的天才，但他的社交关系却因为无法解读他人面部表情或语调中的情感意义而受阻。他看不懂别人的脸色，也分不清什么是讽刺。

我们每个人都有一定程度的述情障碍，但大约有 10% 的人有严重的述情障碍，也因此阻碍了其社交关系的发展。所以，与抑郁症一样，在满足我们的社会联系需求方面，高述情障碍也是一个不利因素。根据研究，述情障碍程度越高，情感剥夺感就越强烈。

认知：孤独会削弱思考能力

即使对那些没有精神疾病或精神障碍的人来说，社会脱节也会导致他们出现认知困难。例如，它会削弱人们的思考能力。在一系列的研究中，心理学家告诉一些参与者，他们的性格问卷调查结果显示他们很有可能“孤独终老”，从而使其产生社会排斥感。与那些没有得到相同预测结果的参与者相比，被告知可能会被社会排斥的参与者在智商测试中做出题目更少，且错题比率更高。

他们 GRE 的阅读理解成绩也较差（GRE 是大部分研究生院要求申请者所必须通过的一个考核）。

那些被告知自己将孤独终老的人并不比其他人的智商低，但他们在每项认知任务中的表现却比其他人差很多。造成这种差异的一个可能的原因是，孤独感会削弱人们的专注力。研究表明，孤独的人很难保持专注，当面对未知时更是如此。因此，当面对自己之前从未做过的题目时，他们可能很难集中注意力。

> **◇ 问问你自己 ◇**
>
> 当你感到孤独或被孤立时，你是否会失去注意力？

被告知有可能被社会排斥不仅会削弱人们的专注力，也会使人们在面对有挑战性的任务时更容易放弃。在一项研究中，研究人员要求受试者笔尖不离纸，一笔画出一个复杂的几何图形，且不可以走重复的线路。一些参与者被事先告知，他们的性格特点使他们很可能在生活中孤独终老。结果，这组人比其他受试者更早放弃了挑战。换句话说，预期社会孤立——甚至是未来几年的孤立——也会削弱他们坚持完成复杂认知任务的动力。

这些研究参与者并没有精神疾病，也没有其他可能会限制他们的思考力或专注力的精神障碍，比如痴呆或注意力缺陷多动障碍（ADHD）。他们都是正常人，只是相信自己会孤独终老——这就足以阻碍他们的认知能力，至少在一段时间内是这样的。

社交：孤独会影响社交幸福感

最后，或许也是最不令人惊讶的一点，孤独和情感剥夺会影响人们的社交幸福感。例如，感到孤独或情感剥夺的人不太可能结婚，也不太可能拥有美好的恋爱关系。即使是在有恋人的情况下，如果他们没有得到他们想要的爱，他们就会对这段关系感到不满意。因此，“不爱了”是他们口中最常见的分手原因之一，也就不足为奇了。一项研究发现，79% 的夫妇的离婚原因是“没有亲密感”，67% 是因为“没有感受到配偶的爱和欣赏”。事实上，在 28 个不同的离婚理由中，这两个是最常见的理由。此外，第三者插足也是常见的离婚原因——也就是说，为了追求与他人的浪漫关系而离婚。

情感剥夺和离婚（或任何重要关系的终结）之间的关系并不是单向的：

一方面，得不到伴侣足够的爱和感情会让你考虑结束你们的关系。

另一方面，如果你们的关系陷入困境，即将走向破裂，你的伴侣可能就不会给予你你所需要的感情了。

因此，情感剥夺和关系紧张二者之间既紧密联系，又相互作用。

与社会脱节的人也有其他的社会功能缺陷。他们不太慷慨，也不太愿意帮助别人。心理学家发现，当人们感到被排斥时，他

们便不怎么愿意合作，不愿意付出时间，不愿意向学生基金捐款，也不太愿意去帮助那些遭遇了不幸的人。他们还会变得更有攻击性。例如，对他人发表更多的负面评价，用噪音轰炸他人——即使别人根本没有做任何激怒他们的事情。简而言之，当人们感到被排斥时，他们不会“好好表现”。

人们对归属感的需求非常强烈，所以对大多数人来说，孤独和被忽视是一种痛苦。这也是为什么欺凌会给受害者带来严重的精神伤害的原因之一——让人没有归属感，这违背了人类的天性。被排斥是如此令人痛苦，以至于人们会因此而做出极大的改变。强调行为规范的组织机构，如教会或军队，经常利用排斥威胁来有效改变不守规矩的成员的行为。

玛丽莎的故事

玛丽莎是经弟弟的介绍加入教会的。她第一次参加礼拜时就立刻感受到了教友们的热情与欢迎。他们告诉她，这里就是她的家。他们总是热心帮助她，甚至还借钱给她修理汽车的空调。玛丽莎很快就爱上了教会里的每一个人，她也真诚地相信他们也爱她……直到她开始质疑教会的一些教义。一旦发生这种情况，曾经美好的感情很快就会消失。她以前的几个“朋友”甚至有一段时间都不和她说话。那时，玛丽莎才意识到他们之间的感情从一开始就

不真挚，教友们所做的一切只不过是想让她和他们有同样的信仰。

许多宗教机构都会利用社会排斥（以逐出教会、脱离关系或回避的形式）来谴责和惩罚那些不接受规定教义或行为与其信仰相悖的人。我就是在这样的教堂里长大的，在那里，不守规矩的教友很快就会被切断联系。和玛丽莎一样，那些偏离教义的教友也被明确告知，他们不再受欢迎，其余教徒一样会受到威胁，如果他们与那些被排除在外的人接触，他们也会被逐出教会。例如，在我 12 岁左右时，我被告知，我不可以再和我的姨妈、姨父或表兄妹说话了，因为他们已被逐出教会，事实上，因为害怕自己也被排斥在外，我已经很多年没和他们说过话了。

我不为这种做法辩护——事实上，我认为这是极其有害的——但我不能否认它在规范社会群体方面的有效性。仅仅是被排除在外的威胁就足以让人们循规蹈矩，即使这样做只是因为人们害怕被踢出俱乐部。

如果我们综合考虑所有关于疼痛、身体健康问题、卫生保健习惯、精神障碍、认知挑战和社交幸福感的研究，就会得出一个明确的结论：与社会脱节不利于身心健康。下表列出了孤独、社交孤立以及情感剥夺会带来的种种问题。然而，不幸的是，坏消息并没有就此结束。被剥夺了社交联系的人不仅经常遭受各种痛

苦，他们中的许多人还会以弊大于利的方式来应对与外界的脱节。我们将在下一章探讨这些不良应对策略。

孤独、社会孤立和情感剥夺会导致以下问题：

更多／更高	更少／更低
身体疼痛	优质睡眠
EB 病毒活性	自然杀伤细胞活性
继发性免疫疾病	锻炼
肥胖、血压、胆固醇	心理健康
吸烟的可能性	幸福感
摄取的热量	专注力
抑郁	坚持不懈的能力
焦虑 / 情绪障碍	拥有重要关系的可能性
述情障碍	关系满意度
攻击性	慷慨度

孤独并非一无是处

我在本章重点关注的是与社会脱节的高昂代价——对人们的身体、心理、认知和人际关系造成的诸多危害。然而，需要指出的是，情感剥夺、孤独和社会排斥并不会对人们生活的方方面面都产生不好的影响。例如，和那些社会交往能力强的人相比，与社会脱节的人并不逊色，他们聪明、有吸引力、学业成功、经济富裕；

他们的社交能力并不比其他人差，也不会比其他人更容易经历创伤性事件。尽管与社会脱节可能是有害的，但我们有必要提醒自己，这并不会影响我们生活的方方面面。

但是，由于与社会脱节会产生多种不同的问题，所以人们往往会试图以各种方式来获得更多的关爱——其中很多都不成功。而那些没有或不能得到更多感情的人常常以自我毁灭的方式来应对与外界的脱节。我们将在下一章对此进行探讨。

停下来思考

在这一章中，我们探讨了许多与孤独、情感疏离和情感剥夺有关的身心健康问题。在进入下一章之前，请考虑并回答以下问题：

- 在你的生活中，有没有旁人感觉孤独寂寞得想自杀？你自己有过这样的感觉吗？
- 当你感到被他人排斥的时候，你的身体、心理和情感会有怎样的变化？
- 你有没有注意到，当你对自己的人际关系感到满意时，你会更好地照顾自己？如果是，通常是以什么方式？

对抗孤独：你一定走过的那些弯路

阿尔伯特·爱因斯坦（Albert Einstein）曾说过，精神错乱就是反复做同一件事，却期望得到不同的结果。然而，当试图解决一个问题时，我们很容易陷入效率低下的模式，一遍又一遍地尝试同样的方法，因为我们不知道自己还能做些什么。

情感饥饿的人就处于这种情况。当我们没有得到自己需要或想要的东西时，被剥夺感通常会使我们想要更多。比如，饥饿会促使我们寻找食物，口渴会促使我们寻找水，等等。一旦得到了自己想要的东西后，我们就不再有被剥夺感。然而，人们之所以会处于情感剥夺状态，其中一个原因就是他们一次又一次地使用同样错误的方法去吸引自己想要的感情，结果一次又一次地失败。本章将探讨人们常采取的错误应对策略。

试图获得更多爱的三种误区

在我的关于情感剥夺的研究中，我有时会问人们一个问题：为了在生活中获得更多的感情，他们都尝试过哪些方法——但没有成功。换句话说，当人们试图吸引别人的感情时，他们会犯什么错误？如果你也渴望得到爱，那么这是一个值得思考的问题，至少有两点原因：

1. 也许你已经尝试过类似的策略，并且想知道为什么这些策略不像你期望的那样有效。我将做出解释。
2. 从别人的错误中吸取教训可以帮助你避免犯同样的错误。

这些只是人们在试图吸引更多的感情时所犯的一小部分错误，并非全部，它们也不是按照特定顺序排列的。我只是指出错误并说明原因。关于如何吸引更多感情，我将在本书的第三部分提出一些建设性方法。

错误 1：要求而非邀请

所有关于如何让自己变得更好的建议——无论是以书籍、杂志还是推文的形式——都是要人们采取积极主动的态度。当你读到关于如何获得更好的性爱、如何克服社交焦虑、如何赢得晋升，或者“如何让人们在几分钟内爱上你”等文章时，你会发现这些建议通常都是这样的：弄清楚自己想要的是什么，然后努力去争取。

也许这对某些事件有效，但对感情则不然。

得不到想要或需要的爱着实令人沮丧，尤其是当对方是朋友或恋人时。我们并不是都来自充满爱意的家庭，也并不都有亲密的朋友，但我们中的许多人都认为，我们至少应该在浪漫关系中得到爱。当得不到自己想要的感情时，随之而来的沮丧会导致我们做出一些非建设性反应，其中之一就是要求别人给予更多的爱。

克丽丝，33岁，在她与未婚夫布拉德的关系中她经常有这种感觉。她说："我们一直在这段关系中苦苦挣扎。我总是渴望从他那里得到更多的爱，也和他表明了这一点。但我觉得我得到的爱远远不够，因为我认为他对我的爱要达到某一特定水平才可以。"当然，想要得到更多的爱本身并没有什么错——我们很多人都有这样的想法——克丽丝也意识到她的期望可能有点不切实际。更重要的是，她承认她采取的方式是有问题的。正如她所说的那样，"我明确表达了我的需要，但我往往太过关注这一问题，这让布拉德感到很不舒服。"

克丽丝的情况很常见。她知道自己想从布拉德那里得到更多的爱，比她已经得到的爱多很多。关键是她觉得自己应该得到一定程度的爱，因为她已经向布拉德表达了自己的感情。大多数人在对某人说"我爱你"时，都希望能听到对方的回应。克丽丝觉

得她给予的爱比得到的爱多，这让她觉得很不公平。

为了改善自己的处境，她遵循了许多自助书籍的建议：坦率地说出自己的想法。有些人听到这句话（我希望你能更多表达对我的爱），会立即做出回应。有些人可能根本没有意识到自己的感情表达问题，所以他们很高兴伴侣能够指出这一点，这样他们今后就能更加注意自己的行为的影响。但是对另一些人来说，他们会觉得这样让他们压力很大。首先，说他们感情不够丰富会让他们觉得自己感觉迟钝。其次，这可能会迫使他们以不自然的方式行事。

◇ 你知道吗 ◇

有些人为了避免让别人觉得有义务回报他们的感情会刻意隐藏自己的感情。

我对克丽丝和布拉德并不了解，所以除了他们告诉我的，我不敢妄自猜测他们的感受。让我们以他们为例做如下假设，许多男女都会遇到这样的情况：克丽丝和布拉德彼此相爱。克丽丝向布拉德表达爱意，并期望得到布拉德的回应。布拉德也许在一定程度上表达了他的爱，但却没有达到克丽丝想要的频率或强度。所以，克丽丝告诉布拉德她想要更多的爱。例如，她想让他更多地说“我爱你”。虽然她知道布拉德爱她，但他很少对她说“我爱你”，这让克丽丝觉得布拉德不够爱她。在她看来，如果布拉德真的爱她，他就会很自然地说出这 3 个字。

布拉德认为，“我爱你”没必要时刻挂在嘴边。他知道克丽丝需要他更多的爱，但是他觉得不一定非得用经常说“我爱你”来表达爱。如果是他自然地说出还好，但是如果他这样说是因为别人要求他这样做，那就有欺骗的感觉。克丽丝也许会反驳说，如果布拉德真的爱她，他自然会说“我爱你”。对布拉德来说，他对克丽丝的感情没有问题——他深爱着她。但是，如果是为了迎合她的期望说“我爱你”，他觉得那样不够真诚。

虽然克丽丝没有这样描述，但是她确实犯了一个错误：要求布拉德表达爱意。即使她没有用“要求”这个词，她也承认自己的方法并不成功。

错误 2：忽略已接收到的情感表达方式

在过去 20 年的研究中，我发现，人与人之间的情感交流方式是多种多样的。人们会用各种各样的行为来表达他们对某人的爱和欣赏。有些情感表达方式很直接，比如亲吻、牵手、拥抱、说“我爱你”。有些情感表达方式则比较含蓄。

例如，当我问人们如何向配偶表达爱意时，我总是能从女性和男性那里得到不同的答案。女性通常会直接说出自己的感受，并使用一些较直接的非语言行为，如亲吻、温柔的触摸和牵手。男人则更注重实际，他们往往会通过做家务等实际行动来表达自

己的感情。一般来说，男性似乎更喜欢用行动来表达爱——不用吩咐就去洗车，照看孩子让妻子和闺蜜出去玩等。许多男人都认为，用行动来表达爱胜过口头说“我爱你”。

当然，有些男人会用具体行动来表达爱，是因为他们不习惯公开表达感情。但是他们认为用行动表达爱和公然说“我爱你”是一样的。现年 37 岁的亚历克斯说：“我会做一些我觉得能令她开心的事情来表达我的爱，比如打扫房间，或是在她累的时候为她做一顿丰盛的晚餐。”亚历克斯认为，他的妻子凯蒂不仅会感激他这么做，也会懂得这份爱。

然而，在很多关系中，人们（尤其是女性）常常会犯这样的错误：没有意识到或不重视已接收到的情感。57 岁的迪安说，她常常忽略了她的丈夫肖恩的深情之举（肖恩在 50 多岁时死于肺癌）。“我认为女人需要从丈夫那里得到一定程度的爱才有安全感，至少我是这样的……但肖恩从来不是那种善于表达的人。”所以，迪安常常觉得肖恩不够爱她，因为他没有像她那样表达自己的感情。

肖恩的早逝对迪安来说是毁灭性的打击，她对自己生活的许多方面进行了认真的自我反省，包括她的婚姻。正是在那段时间里，她意识到肖恩实际做了很多事情来表达对她的爱，只是她从未意识到那是爱的表达。她回忆起他们的女儿（住在另一个州）流产

那一次："我知道他也非常难过，但是他看到我那么难过，就先把自己的感情放在了一边，他打电话给我的经理，告诉她我需要和我的女儿在一起。他给我买了张票，开车送我去火车站，我满脑子想的都是女儿，而肖恩却忍着痛苦照顾着我的一切。"

因为痛苦，迪安当时并没有意识到这些。这只是肖恩用行动表达爱的其中一例。回想自己的婚姻，迪安想起了许多类似的事情，她发现自己一直以来都没有意识到原来肖恩是那么的爱她。

这并不是说，女人不能喜欢更公开的感情表达方式——更多的亲吻，更多的"我爱你"。但是，她们不该忽略自己已得到的感情这么说至少有两个原因。首先，这样做会让她们的情感剥夺感更加强烈。回想一下我在本书中多次提到的观点：被剥夺感是指得到的没有想要的多。知道自己想要什么很重要，清楚自己已经得到了什么也很重要，因为如果做不到这两点，你的被剥夺感就会更加强烈。

维克多的故事

维克多和他的妻子雪莉已经结婚14年了，在过去的3年中，雪莉一直向她的姐妹和朋友抱怨：她希望得到维克多更多的爱。维克多对此感到很恼火。他们结婚后，他就辞掉了工作，和雪莉一起搬到康涅狄格州，以方便雪莉上法学院学习。冬天，他总是

给她的汽车加满油，并确保车上备有应急用品，以防她被困在某处。他照料着家中的一切，付账单，整理花园……在他看来，他做这一切只有一个原因：他爱雪莉。所以，当他听到她的抱怨时，他想：“她还想要我怎样爱她？”

其次，当男人表达爱的方式不被认可时，他们便会觉得他们的爱失去了意义。这就是维克多的感受：我每周都为妻子洗车，以此来表达我对她的爱。如果她不认为这是爱的表现，那么我很容易产生“心思白费了”的感觉——就像她给我写了一张爱心卡片，而我不觉得有什么时，她会怎么想？

我之所以从性别差异的角度来讨论这个问题，是因为，一般来说，男人是以实际行动来表达爱的，而女人有时却意识不到这一点。当然，和所有的泛泛而论一样，这种说法也有例外：女人也有用行动表达爱却被忽略的时候。不管具体情况如何，问题的核心在于，爱的表达方式有很多种，但是人们有时接收不到隐蔽的爱的信号。

错误 3：期待某个特定的人来满足你的情感需求

感情需求和我们需要走路、说话或骑自行车不同。正如我在本书的第一部分中解释的那样，我们对感情的需求是与生俱来

的——在生命的早期，我们希望父母来满足我们爱的需求。婴儿需要的关爱可以来自任何人，但在大多数情况下，主要是由婴儿的母亲提供。而且，只要其爱的需求得到满足，即使所有的爱都来自同一个人，婴儿也不会因此而烦恼。

但是，随着我们的成长，我们中的许多人都会犯一个错误，那就是继续期待某个特定的人——父母、恋人、朋友——为我们提供我们需要的感情。我们没有去发展各类人际关系来满足我们对感情的渴望，而是把所有的希望和压力都专注于一个人身上。

52 岁的安娜回忆起自己和妈妈的关系时说道："我的母亲是一个非常冷漠的人，她从不看我，也没有兴趣和我说话，只有在她想对我倾诉烦恼时才会和我说话，而且她还非常挑剔。"安娜说，她感觉不到母亲的爱。"她从不碰我，也不碰我的孩子。我移居海外后，有时会回家探亲。我的婆婆会给我一个拥抱和亲吻，而我的母亲只是站在那里和我打个招呼。我想拥抱她，但又觉得她会不喜欢。"安娜回忆起母亲去世时她的顿悟。"她去世的时候，我花了 30 分钟的时间抚摸她的头发。这是我有生以来第一次被允许碰她，我真的很需要这样做。当我从母亲那里得不到我需要的爱时，我感到被拒绝、不被爱、悲伤，遇到糟糕的事情不知该如何应对。我感到非常孤独。"

安娜的故事说明了一个普遍的问题：我们每个人都需要爱，

但不是每个人都能给予我们爱。我们中的许多人都希望或期待生活中的某个特定的人，比如配偶或父母，来满足我们的情感需求。当然，尝试吸引某人更多的感情并没有错。错误的是，我们没有意识到：不管我们怎么做，有些人永远都无法满足我们的情感需求。

你可能会觉得这种说法难以接受，这是可以理解的。特别是和配偶或恋人在一起时，许多人都觉得对方就应该来满足我们的情感需求。毕竟，这是浪漫的体现，不是吗?

在亲密关系中，可能确实应该如此，但这种期望并不现实。有些人，比如安娜的母亲，很难向他人表达任何形式的爱，造成这种情况的原因可能有很多，然而，继续期望这样的人给予你爱，就像是期望一个盲人能看见东西一样，当他无法看到的时候就会很受伤。

令人欣慰的是，安娜在她的生活中遇到了许多愿意并且有能力给予她想要的爱的人，所以她可能不会感到情感饥饿。当我们所爱的人和所关心的人无法向我们表达我们想要的爱时，这无疑是非常可悲的，但有时这就是现实。如果我们不接受现实，那就是一个错误。在许多类似的情况下，我们可以继续和对方保持关系，就像安娜和她母亲一样，但不必继续期待从他 / 她那里得到感情。

不过有时，我们最好的选择可能是结束这段关系。这通常是一个艰难的决定，因为这意味着放弃——不仅是放弃了我们对这段关系的希望，也放弃了关系本身。例如，在婚姻中，有些人需要配偶的关爱才会感觉幸福，但其配偶却无法满足他们的这种需要，除非他们愿意做出改变，否则他们可能永远都不会幸福。他们可以选择改变他们对婚姻的需求和期望，从而减轻因缺乏感情带来的痛苦，或者他们可以选择结束婚姻，寻找一个更亲密的伴侣。不是每个人都愿意这样做，也不是每个人都应该这样做，但如果你过于依赖配偶的感情且无法做出改变，而你的配偶又无法满足你的需求，那么这是一个值得考虑的选择。

◇ 问问你自己 ◇

除了以上提到的 3 个错误外，你在尝试吸引更多感情的过程中还犯过哪些错误？为什么这些策略不成功？

当然，人们犯的错误肯定不止有这 3 个——要求爱而非邀请爱；忽略已接收到的情感表达方式；期待某个特定的人来满足你的情感需求。绝望会驱使人们一次又一次地做出糟糕的决定，试图用失败的策略来获得更多的爱。然而，不幸的是，情感饥饿带来的问题并没有就此结束，许多人处理缺乏社会联系的方式不仅

于事无补，反而有害。让我们来细数一些最糟糕的应对策略，而其中有许多在孤独和与社会脱节的人群中很常见。

三种极端做法

感情需求是一种如此强烈的需求，以至于那些感觉自己与社会脱节的人不得不以某种方式来应对这种匮乏：

- 有些人会阅读言情小说或看浪漫电影，通过感受他人的亲密关系来弥补自己的孤独。
- 有些人将自己沉浸在人群中，如购物中心或教堂，以此来感受与他人的连接。
- 还有一些人试图通过冥想或与大自然交流来拥抱孤独。

这些应对方法即使实际上并没有增加感情，至少也可以使人们在其他方面受益。它们的影响是良性的，虽没有实质性的帮助，但也不会对人们造成伤害。

不幸的是，并不是每个人都会采取建设性的应对方式。我们对爱的需求是巨大的，因此情感剥夺会令人非常痛苦。在这种痛苦的状态下，人们可能会采取一些不良应对策略。以下是一些最常见的非建设性应对方式，请记住，它们并不总是相互排斥的。采取其中一种行为的人往往也会伴有其他行为，而这只会加重其有害影响。

吸毒

性行为——无论是否随意——能暂时改善孤独感的一个原因是，它能让大脑在短时间内分泌大量让人感觉良好的激素，如催产素和多巴胺。这些化学物质让你感觉飘飘欲仙：能减轻疼痛，放松身体并带来愉悦感。当然，只有当荷尔蒙水平升高时才会有这样的作用；一旦荷尔蒙恢复到正常水平，愉悦的感觉就会消散，让孤独的人渴望下一次性接触。

另一种可以增加体内愉悦性化学物质的方式是吸毒。许多成瘾物质——从咖啡因、尼古丁到海洛因和可卡因——之所以让人上瘾，是因为它们能提高人们体内的多巴胺水平，而多巴胺的增加可以使人产生快感。

比尔的故事

比尔从高中就开始抽烟，并以此作为融入群体的一种方式：他所有的朋友都抽烟，他愿意成为他们当中的一分子。他的妻子离开他后，房地产市场的低迷让他失去了屋顶工的工作，他感到非常孤独，于是他开始吸食海洛因来让自己好过一些。这至少在一段时间内是有效的。毒品不仅使他兴奋，而且他还可以和以前一起工作的人一起吸毒，这让他感觉不那么孤独。

这样，我们就很容易理解为什么对生活不满的人会吸毒。喝浓咖啡或吸食可卡因会促进多巴胺的分泌，给使用者带来愉悦感、放松感，让他们可以暂时忘却烦恼。因此，像比尔这样的人会以吸毒来应对社会脱节的痛苦也就不奇怪了。根据研究，孤独和服用咖啡因之间并没有关系。但是，这确实表明人们有使用违禁药物的倾向，包括大麻、可卡因、海洛因和冰毒。

就应对策略而言，吸毒明显是一种危险策略。为了缓解孤独感或情感饥饿感而吸毒会使人们面临一系列严重的问题：

1. 购买和使用在大多数司法管辖区不合法物品存在法律风险。
2. 花大量金钱来维持吸毒习惯会带来经济上的问题。
3. 最后，还有各种各样的健康风险，包括组织损伤、呼吸窘迫、感染肝炎病毒或艾滋病毒，以及因服用过量而导致的早逝。

事实上，孤独使人们甘愿冒险吸毒，这充分说明了失去社交联系是多么的痛苦。

◇ 问问你自己 ◇

即使你从未使用过违禁药物，你是否曾经为了缓解孤独而饮酒或吸烟？

进食障碍

与情感剥夺相关的第四种应对机制是进食障碍。进食障碍被美国精神病学协会归类为精神疾病，它有 3 种基本形式：

1. 神经性厌食症，其主要特征是严格限制热量摄入，过分追求苗条。
2. 神经性贪食症，典型表现为反复进食大量食物，然后通过呕吐或滥用泻药排便。
3. 暴食症，主要表现为过量进食且不伴有补偿行为（如催吐、导泻等）。

这3种疾病都对身体健康有危害，会增加人们患心脏病、溃疡、肾衰竭和过早死亡的风险。

为什么孤独还与进食障碍有关呢？其中一个答案是，进食障碍——尤其是厌食症——就像是人们的一位伙伴。正如医生玛莎·皮斯利·莱文（Martha Peaslee Levine）解释的那样："疾病是人的好朋友。"莱文引用了一位进食障碍研究参与者的话，她把自己与厌食症的关系描述为："婚姻或恋爱关系……它总是在我身边，让我不再感到孤独。"进食障碍就像同伴一样，让与社会脱节的人们在生活中有所依赖和关注，不再感到孤独。

贪食症和暴食症也与孤独有关，因为吃东西可以舒缓心情。心理学家约翰·卡奇奥波和威廉·帕特里克（William Patrick）

在他们的书《孤独：人性和社交需求》（*Loneliness : Human Nature and the Need for Social Connection*）中指出，人的消化道内壁与皮肤一样，所以摄取食物时就像是一种内在的按摩。“吃是一种自我安慰的方式，但是，吃得太多也是要付出代价的。不过其舒缓心情的作用并不会因此而减少。”

社会孤立感是导致这 3 种进食障碍（尤其是暴食症）的危险因素。换句话说，孤独让人想吃更多的东西——也许，就像之前所说的一样，随着食物的摄入，人们的身体和情感都得到了安慰，对感情匮乏的人尤其如此。

但是，研究表明，即使严格来说我们并没有进食障碍，即没有被正式诊断为厌食症、贪食症或暴食症，孤独也会影响我们的进食量。根据研究，孤独对进食量的影响取决于人们是否已经通过节食来限制自己的食物摄入量。当感到孤独时，节食的人会比平时吃得多，而不节食的人则比平时吃得少。任何一种模式都可能导致健康问题。

◇ 你知道吗 ◇

社会孤立感使人们更难从进食障碍中恢复，并会增加其复发的概率。

自杀

在最绝望的情况下，有些人会通过自杀来应对孤独——这与健康的应对机制背道而驰。他们中有些人和我们在前文中提到的赛斯·沃尔什一样，被同伴嘲笑、欺负和排斥。有些人只是感到孤独、被遗忘，觉得自己无足轻重。不管他们的具体情况如何，他们可能都到达了这样一种地步，即所有应对方法都不起作用，自杀似乎是剩下的唯一选择。我们显然无法从已经自杀的人那里收集有关孤独或情感饥饿的数据。但是，研究人员发现了两个和孤独密切相关的现象：自杀意念（有自杀的想法）和准自杀（自杀未遂）。在一项对近 20,000 名 15 岁以上的人群的研究中，研究人员调查了自杀意念和准自杀与独居、没有亲密朋友以及孤独感的关系。结果显示，这 3 种状态都与自杀有关。换句话说，相对于有同居伙伴和有亲密朋友的人来说，独居的人和没有亲密朋友的人更容易有自杀的想法和企图。

重要的是，孤独感是三者中影响最大的因素。也就是说，即使参与者有亲密的朋友或有同居伙伴，如果他们感到孤独，他们仍然很有可能产生自杀意念和准自杀行为。事实上，孤独者自杀的可能性是非孤独者的 12.5 倍。

比起我在本书中提到的其他研究发现，这些调查结果更值得

我们深思。因孤独而冒着健康风险去抽大麻，拿工资去赛马场赌博，或与陌生人发生一夜情是一回事，但是因孤独而想要结束自己的生命就完全是另外一回事了。我认为，这一点有助于我们认识到情感剥夺、孤独和社交孤立的严重性。有些人认为，与社会脱节只是因为懒得社交或者是对生活不满的表现。但是，对另一些人来说，这却是他们停止生活的理由。而那些考虑或企图自杀的人更有可能最终结束自己的生命。

一定会有更好的方法

到目前为止，我们已经知道，只有拥有亲密关系，人们才会健康快乐。如果关系需求得到满足，我们就会茁壮成长；反之，则会问题不断。有些人试图在生活中获得更多的爱，但没有成功；有些人会用不健康的和自我毁灭的方式来应对孤独。

或许你也是众多想要更多感情的人们中的一员，试图改变自己的处境但没有成功。即便你以健康的方式解决了情感匮乏问题，却仍然有一种绝望感，一种觉得自己永远都得不到想要的爱的无力感。

好消息是，从现在开始，你可以采取更好的方法来吸引更多你渴望的感情。在本书的第三部分，也是最后一部分，你会看到6条具体的建议，它们可以帮助你拥有更有爱的生活。

停下来思考

在这一章中，我们了解到：人们用来吸引更多感情的方式往往是错误的，并且经常会用一些适得其反的方式来应对孤独感。在进入下一章之前，请先考虑以下问题：

- 在什么时候，你曾希望某个特定的人能满足你全部或大部分的情感需求（如果有的话）？那个人做到了吗？
- 除了本章所描述的错误方法之外，你还用过哪些方法来应对孤独？哪些是有效的？哪些却适得其反？

第三部分

克服孤独的六种策略

到目前为止，我们已经了解了情感在我们生活中的重要性、人们产生情感剥夺感的原因，以及由于缺乏亲密的人际关系而导致的许多问题。本书的最后一部分是关于如何治愈孤独和情感饥饿。每一章都描述了一个策略，让你可以吸引更多的情感到你的生活中。

策略 1：鼓励你改变你的想法，以消除任何可能阻碍你与他人间的感情的障碍。

策略 2：邀请爱而不是要求爱，并为你想要的感情形式建模。

策略 3：认识情感表达的多样性，认可你可能已经收到但没有意识到的情感表达。

策略 4：建议你培养更广泛的亲密关系。

策略 5：提醒你要注意有害的感情形式，即那些会带来不必要的义务的感情。

策略 6：保持对感情乐观现实的期望。

当你阅读本部分时，请记住，这并不是一个循序渐进的计划——其中一些策略可能比其他策略更适合你的情况。请以开放的心态对待这些策略，并考虑如何在自己的生活中应用它们。

策略 1：敞开心扉接受爱

想要他人给予自己更多关爱的方法之一就是先对他人更加关爱。亲密交流是一种高度互惠的行为，也就是说，当人们收到充满爱意的表达时，他们会产生一种要做出善意回应的强烈责任感。当有人对你说“我爱你”时，你很难不对他说同样的话。因此，如果我们想从所爱的人那里得到更多的爱，最简单、最直接的方法就是先给予他们更多的爱。不过，这往往说起来容易做起来难。许多人不愿意向别人表达感情，因为他们害怕：如果别人没有同样的感觉怎么办？如果对方误解了自己的意思怎么办？根据我的研究，这些想法以及其他恐惧会导致人们压抑自己的感情。这给许多人造成一种真正的束缚：他们希望得到他人更多的爱，但是，他们却与别人始终保持距离，因为他们害怕亲昵。因此，即使他们一方面想要更多的爱，但另一方面他们却不能敞开心扉。

为了让你的生活中有更多的爱，先想想自己是否会因恐惧而不敢对他人表现出亲密。如果是的话，那么一种叫作认知重构的方法可以帮助你摆脱内心的束缚。这个过程从认清你的恐惧开始。然后，重新定义你的关注点。最后，认清现实，重新出发。

认清你的恐惧

维持人际关系似乎是世界上最简单、最自然的事情……对某些人来说，可能确实如此。但是，有很多人在向他人表达感情时会感到不自在或不敢表达自己的感情。有时人们即使感受到了别人的爱，也不知该如何回应。也许你认识这样的人，或者你自己就是这样的人。不论是哪种情况，都要认清阻碍感情表达的恐惧是战胜恐惧的关键一步。要做到这一点，我们需要先想想自己为什么会恐惧。

了解恐惧的目的

人们经常会把害怕和软弱联系在一起，我们赞美勇敢，同时声称除了恐惧本身，我们没有什么可害怕的。所以，很多人不愿意承认自己的恐惧，也是可以理解的。在北美文化中，男性尤其如此，因为自信、勇敢和英雄主义都是我们所认为的男性气概的一部分。在某种程度上，害怕的男人不是真正的男人。

实际上，恐惧并不像人们认为的那样不好。恐惧是人们对自认为会对自己构成威胁的事件的反应。有些威胁是身体上的，比如面临严重的疾病，被持枪抢劫，或者从飞机上跳伞；有些威胁是社交方面的，比如演讲、派对上的尴尬，或者工作中的负面评价；有些威胁是经济上的，比如因为金融诈骗而失去毕生积蓄；还有些是存在性威胁，比如因为害怕违反所谓的“宗教戒律”而“面临永恒的诅咒”。

当然，并不是每个人都害怕同样的事。有些人非常害怕在公众面前演讲，但对有二十多年教学经验的我来说，这一点儿都不可怕。同样的道理，如果让我去跳伞，我会非常恐惧，而这对有经验的跳伞者来说却是一种刺激。无论具体情况如何，当我们准确或不准确地感知到我们健康的某些方面正受到威胁时，我们都会感到恐惧。在大多数情况下，恐惧会促使我们参与战斗或者逃跑，要么试图消除威胁（例如积极治病或不同意对我们工作的负面评价），要么远离威胁（比如在感到尴尬后离开派对或者停止对自己已违反了宗教戒律的信仰）。

尽管恐惧会令人不安，但它对我们的生存却至关重要，因为它能够促使我们对危险做出反应。面对有可能会对自己造成伤害的事情感到害怕是件好事，因为这使我们能够妥善处理相应的威胁，并尽可能避免威胁。例如，如果我们不恐高，我们就不会在

使用梯子或跨越悬索桥时小心谨慎，那样的话就很容易出事故。恐惧让我们对威胁警觉，让我们尽可能地保护自己。

了解自己为什么要压抑感情

把情感表达和从飞机上跳伞、遭遇武装抢劫以及失去毕生积蓄放在一起比较似乎有点怪怪的。因为似乎除了情感表达外，其余情况的都会对我们的身体、经济或幸福构成真正的威胁，那情感表达对我们有什么威胁呢？

事实上，情感表达会威胁人们的心理健康和情感健康。为了更好地理解这一点，让我们来看看以下 3 个人的经历，他们都因害怕而压抑了自己对所爱之人的感情。

- **布雷迪**（29 岁）和女友索菲亚约会才一年多时间。他知道自己爱她，但是他很不习惯向女友表达爱意。他特别不愿意说“我爱你”，而这正是索菲亚渴望听到的。问题是，布雷迪觉得表达爱意会显得自己很脆弱，而他不喜欢这种感觉。他担心，如果直接说出自己的爱，他很可能会遭到拒绝。所以，即使他很喜欢某人，他也会因为害怕表达感情可能带来的脆弱感而压抑自己的感情。
- **阿曼达**（44 岁）对她喜欢的人有一种“过于强势”的倾向。过去，当遇到一个新朋友或恋人时，她的爱很快就会令对方感到窒息。许多有希望进一步发展的感情都因此而以失

败告终，因为对方认为她太“黏人”或感情需求过高。后来，阿曼达意识到了这种倾向的害处。然而，为了避免犯同样的错误，她变得过于谨慎，几乎到了对感情吝啬的地步。尽管她渴望得到别人的感情，但害怕吓跑新朋友或新伴侣的恐惧感使她极其克制自己的感情。

- **杰克**（51 岁）的情况就是我们常说的“承诺恐惧症”。在他成年后的大部分时间里，他并没有对亲密关系的强烈需要，相反，他更喜欢独处。当开始一段新的关系时，他总是害怕过于亲密，因为他不想过早对他人做出承诺。他享受被爱的感觉，但他不会向他人表达爱，因为他害怕因此而带来的承诺和义务。

布雷迪、阿曼达和杰克都喜欢接受爱，但出于各种原因，他们害怕向他人表达爱。布雷迪害怕脆弱感和被拒绝，阿曼达担心吓跑别人，杰克害怕自己对感情过于投入。依恋安全是一个人信赖其生命中重要人物的能力。我们会发现有些人比其他人更值得信赖、更可靠。但依恋安全背后的理念是，每个人都有自己的依恋风格，它决定了我们处理人际关系的方式。根据心理学家基姆·巴塞洛缪（Kim Bartholomew）的研究，成年人会发展出 4 种依恋类型中的一种，而安全型依恋的人通常更容易与别人亲近，别人也更愿意亲近他们。

巴塞洛缪说，有 3 种类型的不安全型依恋：

1. 布雷迪是恐惧型依恋，因为他担心如果自己和别人太过亲密，可能会被拒绝或受到伤害。
2. 阿曼达是痴迷型依恋，她渴望得到更多的亲密感，所以她会更多关注对方，其过度倾注的爱令人感到窒息，直到把对方吓跑。
3. 杰克是疏离型依恋，他主要依靠自己，逃避承诺。

多年的研究表明，人们的依恋类型会影响其与他人建立和维持关系的方式，包括他们是否习惯于向他人表达感情。

布雷迪、阿曼达和杰克的恐惧都是有道理的，在某种程度上，他们的恐惧甚至可以帮助他们避免在感情上犯同样的错误。请记住，恐惧是为了减少人们面对威胁时的脆弱感。当布雷迪、阿曼达和杰克的恐惧减少了他们受威胁的机会时，恐惧的目的就达成了。但是，当他们因为对感情的恐惧而将自己与生活中最重要的人隔离开来时，问题就出现了。

如果你爱某人却不敢表达，那么弄清楚是什么阻碍了你的情感表达是很重要的。也许你能理解布雷迪、阿曼达和杰克所经历的恐惧。你也可能对表达感情有自己的担忧或顾虑。即使是那些看似合理或有用的恐惧，也可能会产生负面的影响，使你无法拥有一段充满希望和满足感的关系。因此，要正确管理你的恐惧，首先需要确定你的恐惧是什么。

◇ 试试这样做 ◇

写一段关于你自己的短文，类似于你刚刚读到的关于布雷迪、阿曼达或杰克的段落。把注意力集中在那些让你无法与他人更亲密的担忧上，尽可能清晰、具体地描述你的恐惧。

重新定义你的关注点

当人们的情感表达方式有问题时，我们可以说，他们的情感表达方式对一段感情的幸福构成了威胁。比如，阿曼达倾向于过度向他人倾注爱。在这种错误导致破坏或失去关系之后，人们害怕与他人亲密是可以理解的。事实上，有些人压抑自己的感情并不是因为他们经历过感情问题，而是因为他们可以预见这些问题，或者认识经历过这些问题的人。无论你在自己的人际关系中经历过什么，你都可以试试描述你对感情的一些担忧。下一步呢?

我并不是鼓励你克服或消除你的恐惧，而是向你推荐一种方法，一种可以帮助你在短期内转变观点的方法。这种方法被称为认知重构——从注意你用来描述恐惧的语言开始。

注意你的语言

我们的思想和语言与我们对现实的定位密切相关。在 20 世纪 60 年代，精神病学家亚伦·贝克（Aaron Beck）注意到，那些与

抑郁症做斗争的人往往有很多消极的想法。如果你曾经被诊断为抑郁症或者认识抑郁症患者，这也是很常见的事。抑郁导致人们以非常消极的方式看待世界，尤其是他们自己。然而，贝克意识到这背后还有更多的含义。他提出，消极思想导致人们以消极的方式行事，这最终加剧了他们的抑郁，形成恶性循环。认知重构的目的就是要改变一个人的想法，用更积极（或者至少是更中立）的想法取代消极的想法。

这样解释认知重构可能听起来过于简单，但是这种方法比仅仅让人们思考积极的想法要复杂得多。它始于语言。在很大程度上，人们是用语言来思考的——以至于会说两种语言的人会根据他们当时使用的语言形成不同的思维模式。我们也用语言来表达自己的想法，就像你在描述自己的段落中所做的那样。

因此，语言不仅仅是思想的媒介，还是思想的素材。这意味着你可以通过更换你用来思考和表达的词语来改变你的想法。这是认知重构的基础。

要重塑你对感情的恐惧，首先要注意你用来描述它们的语言。举个例子，让我们假设 43 岁的艾米丽写了以下内容：

我的丈夫希望我对他能有更多亲密的举动，但我不是那样的人。在成长的过程中，我没有得到太多的爱，所以我现在对亲密

感到不自在，尤其是在公共场合。他知道我爱他，我不明白为什么这样还不够。

这些情绪当然是可以产生共鸣的，但是让我们把注意力集中在描述情绪的词语上。例如，你可能会注意到，艾米丽的很多语言关注的都是些不真实的东西，比如“在成长过程中我没有得到太多的爱”和“我现在对亲密感到不自在”。而且，艾米丽用来描述自己的语言都是绝对性的，比如“我不是那样的人”和“我不明白为什么这样还不够”。

这段话给人的感觉是：她对亲密持否定态度，并且相信她将永远如此。一旦确定了这些想法，我们就可以通过改变描述它们的方式来重新构建它们。

用不那么消极的语言表达你的想法

在认知重构中，你用来表达思想的词语构成了你思想的框架。顾名思义，重构旨在改变你用来思考问题的框架。该过程需要首先确定你的框架特征，以便进行更改。在前面的例子中，我们看到艾米丽用缺乏导向的词语描述了她的感受，也就是说，她专注于不真实的东西，而不是真实的东西，并且似乎抗拒改变。认知重构过程的下一步是改变语言，使其不那么消极。让我们通过修

改艾米丽的部分描述来演示这个过程：

原话：我的丈夫希望我对他能有更多亲密的举动，但我不是那样的人。

重述：我的丈夫想让我对他能有更多亲密的举动。我猜他在我身上看到了一些我自己还没有看到的东西。

“我不是那样的人”这句话最初的表述是负面的，因为原话中艾米丽关注的是自己缺乏什么，而不是拥有什么。她还用绝对的方式来描述自己，暗示自己永远都不可能超越自我。请注意，重新构建的语句改变了这两个特征：重述中艾米丽关注的则是她的伴侣在她身上看到的东西（而不是他没有看到的东西），这意味着她有可能意识到并欣赏自己的这一方面（而不是声称她永远都不会改变）。

还有另外一个例子：

原话：在成长的过程中，我没有得到太多的爱，所以我现在对亲密感到不自在。

重述：我的父母通过满足我的生活需求来表达他们对我的爱，所以更直接的表达爱对我来说是一种全新的体验。

有时我们过于注重外在的情感表达形式——拥抱、亲吻、说“我爱你”等，却没有意识到人们向我们表达爱的许多其他的方式（关于这个问题，我将在策略 3 中进一步说明）。艾米丽的表达方式

倾向于排除而不是包含可能性。相比之下，重新组织的语言承认艾米丽的父母通过满足她的需求来表达他们的感情，即使她可能希望有更多的情感表达，这一点也应该得到承认。此外，原文中，艾米丽用“我不是那样的人”来描述自己，而这并不是事实。重新构建的版本消除了消极情绪，同时也承认，对她来说，表达爱意（尤其是在公开场合）是一种全新的体验，并不一定会让她感到不舒服。

这个练习的目的是用积极的或中性的词语替代消极的词语。

◇ 试试这样做 ◇

把你之前写的段落仔细读一遍，特别注意消极的词语或描述。然后，用一个中性或积极的词语来代替那些消极的词语或描述。你要做的不是去改变你所说的话，而是重塑你说话的方式，记住你想让你的话暗示可能性，创造希望，认可事情好的一面。例如，不要说“拥抱我的父亲让我感到不舒服”，试着说“我正在努力习惯拥抱我的父亲”，因为这句话表达了希望，虽然你现在还不习惯，但你会学着适应。确定替代框架通常是一项具有挑战性的工作，但如果它能拓展你的思维，帮助你以新的方式思考，那么这也是值得的。

认清现实，重新出发

你可能会想，注意自己的思想和语言真的那么重要吗？在一天结束的时候，不管你如何描述，你给予的爱和接受的爱难道不

都是同样多的吗?

从某种意义上说,是这样的。但从另一个意义上说,可能不是。

改变你用来思考和描述的词语,最终会改变你的看法和反应。在前面的例子中,艾米丽承认她的父母通过满足她的生活需求来表达他们的爱,即使他们没有像她想要的那样拥抱和亲吻她。通过以这种方式构建她的成长经历,艾米丽打消了她“在成长的过程中我没有得到太多的爱”的想法。她在语言上的转变并没有改变她的过去,但却改变了她对过去的看法,让她不再觉得自己的童年缺少爱。

认知重构就是发现并改变那些可能会影响你的目标的消极想法。与其说是克服恐惧,不如说是从障碍或威胁中看到可能性。重新构建可以帮助你找到以前没有发现的机会。具体来说,重新定义你对感情风险的理解可以帮助你把问题变成机会,让你感觉不那么脆弱。

因此,最后一步是让你的思维新框架指引你的思想和行动。这意味着提醒自己,你已经改变了自己的想法,并且觉得自己对爱的重新定义是正确的。

◇ 试试这样做 ◇

在把你对感情的恐惧进行重新表述后,每天早上阅读一遍新段落,连续阅读一个月。下定决心,每天至少用一种你以前害怕的方式来

表达你的爱。每次你这样做的时候，注意它带来的好处——或者至少注意到它没有带来坏处。在每天结束的时候，再次阅读一遍，并注意你当天的行为是如何加强你对感情的新理解的。

认知重构并不能快速消除你的恐惧，但通过运用不同的词汇来表达自己的恐惧，可以减少其对你的负面影响，让你自由地向你生命中所爱的人表达感情。

停下来思考

我之前说过，本书第三部分中的建议并非适用于所有人或所有情况。在阅读本章时，你可能会觉得你对感情没有任何需要重新定义的恐惧。这当然可能是真的。但在进入下一章之前，请先思考以下问题：

- 在向他人表达感情之前，你会先想好最合适的表达方式吗？
- 你是否曾经对某人有好感，但却因为不确定他或她对你是否有同样的感觉而选择不去沟通？
- 在什么情况下（如果有的话），拥抱、亲吻或对某人说“我爱你”会让你有脆弱感？

策略 2：邀请并塑造你所寻求的关系类型

当发现自己需要别人给予更多关注时，我们可以采取的最简单的方法也许就是主动要求别人给予关注。无论关系有多亲密，我们的伴侣和爱人都无法读懂我们的心思，所以他们可能意识不到我们希望得到更多的感情。

有些人在要求更多爱的时候会感到很拘谨，即使是在亲密的友谊和恋爱关系中也是如此。他们可能会觉得这样的要求微不足道，或者他们可能会认为，靠要求得来的爱没有意义。另一方面，有些人过于强调自己的需求，坚持要从伴侣那里得到更多的爱。

相对于这两种方法，另一个有用的替代方法是邀请我们的伴侣和朋友来表达更多的爱，并为自己想要的行为建模。

用邀请代替要求

回想一下我们在“对抗孤独：你一定走过的那些弯路”中的讨论，对我们的需求坚持己见——例如需要更直接的情感表达形

式——是有效的，但前提是对方愿意听取我们的请求并做出回应。很多时候，我们习惯于提出一些我们所爱的人根本不愿意或无法满足的要求。然而，如果我们能够认识到“苛求的陷阱”，学会邀请我们想要的感情，而不是一味地坚持，我们就可以打破这种模式。

小心“苛求的陷阱”

为了得到更多的爱和一心一意的关注，有些人坚持让别人表达出对他们的爱，特别是和配偶或老朋友在一起时更容易这样做；有些人觉得他们有公开表达需求的自由，比如，我需要你经常对我说你爱我，或者请在午饭时把你的手机收起来，这样我就能得到你的绝对关注；还有一些人甚至发出最后通牒，比如，如果你不对我表现出更多的爱，那就分手吧。事实上，这些方法很少有效。即使在短期内有效，也往往不能带来长期的变化，这至少有两方面的原因。

提出这种要求的陷阱之一是，他根本没有考虑过对方为什么会有这样的表现。正如我们所讨论过的，即使是在最亲密的关系中，人们也会因各种原因无法表现出更多的感情。例如，表达更多的感情会让人感到有风险。有些人可能害怕在感情上受到伤害，或者他们可能担心自己还没有准备好接受这段关系。杰克就属于

这一种，我们在上一章中说过他的故事。如果伴侣觉得自己已经向对方表达了足够多的爱，那么他们可能会拒绝这样的要求。即使是应对方要求表现得更亲密，也会让人觉得不够真诚。

坚持要求更多的爱的第二个陷阱是，大多数人都不喜欢别人对他们提出要求。尤其是在亲密关系中，大多数人更喜他人请我们做某事而不是吩咐我们做某事。不管被要求做什么，被要求者都会觉得自己被贬低了。当一方坚持要求另一方做出某种行为时，另一方很容易变得具有防御性并抗拒这种要求。用蜂蜜抓苍蝇比用醋抓得多是有原因的。

即使人们默许了你的要求，可能也不是出于真心。也许你还记得前文中克丽丝的故事，她坚持要从未婚夫布拉德那里得到更多的爱，而布拉德觉得自己已经向她表达了足够多的爱，他对这样的要求很反感。对他来说，像“我爱你”这样的表达应该是发自内心的——应该在感觉到了的时候自然而然地说出来。相反，如果因为别人要求他这样做而做，那就相当于欺骗。

想要从伴侣那里得到更多的爱或者从朋友那里得到更多的关注，直接提出要求似乎是最简单的方法。但大多数时候，这会给对方带来压力，迫使他们以不自然或不真诚的方式与我们交流，从而导致怨恨。与其坚持要求更多的爱，不如采用更有效的方法——邀请爱。

邀请爱

邀请爱是指鼓励对方表达爱，而不是直接要求。46 岁的朱莉是两个孩子的母亲，她和她最好的朋友戴安娜就尝试了这种方法。两人的友谊长达 20 年，彼此相处得非常融洽，但有时也会因此而忽略了对方的感受。两人都意识到了这个问题，但都不知道该怎么办。朱莉并没有直接与戴安娜疏远，而是决定重新投资她们的友谊，因此她开始创造机会，与戴安娜分享亲密、深情的时光。例如，有一天晚上，她“绑架”了戴安娜，带她去听一场她一直想听的音乐会。为了庆祝戴安娜的生日，她专门为她们俩安排了一个水疗日。在戴安娜度过了特别艰难的一周后，朱莉邀请她参加一个低调的“比萨和葡萄酒之夜”。随着时间的推移，朱莉发现自己的这些举动让自己和戴安娜都意识到了重新建立亲密关系的重要性。办法虽然简单，但是却可以鼓励戴安娜表达她对朱莉的爱，这进一步增进了她们多年来的亲密友谊。

有些人可能会对这个建议嗤之以鼻，认为“如果我必须诱使某人变得更深情，那就没什么意义了”。当然，我们更喜欢自己所爱的人以我们喜欢的方式主动表达爱意。不过，要记住，我们的朋友和恋人往往无法读懂我们的心思。就像我们可能会鼓励某人在情况需要时变得更自信或更内省一样，我们也可以邀请并鼓励他或她表达自己的感情。

当然，邀请可能会被拒绝，这也是为什么邀请比要求更有效的原因之一。当你被鼓励去做某件事的时候，这意味着你可以选择说“不”，这对那些因为某种原因而无法表达爱意的人来说是至关重要的。通过发出邀请而不是要求，你传递了一个隐含的信息，即对方有权决定是否回应以及如何回应。这样可以减轻那些不善于表达感情的人的压力，因为这给他们提供了一个安全的空间。

因此，邀请爱需要更多的耐心。有时人们会忽略我们的邀请，有时人们会拒绝我们的邀请。当邀请被拒绝时，不耐烦的人会以要求的形式重新发出请求。然而，在这种情况下保持耐心意味着我们的伴侣可以自己做决定，我们尊重他们。为我们的伴侣创造安全感可能不会带来像提出要求那样立竿见影的效果，但这样做更有可能以一种真实而持久的方式吸引那些行为。

◇ 试试这样做 ◇

想想你最想从朋友或爱人那里得到的行为：拥抱、一心一意的关注、更多的时间在一起，等等。然后，制定两种邀请该行为的策略。例如，如果你想和朋友有更多的时间在一起，那么选择一个合适的时机，然后说：“如果你下周有空的话，我很愿意和你一起度过。”如果你渴望的是爱人的吻，那么就先给他 / 她三个吻吧。虽然这些策略听起来很简单，但这样会让你的爱人知道，你喜欢这样的爱的表达，且不会把其视为要求。

为你想要的行为建模

正如我们在本书中提到的，并不是每个人都乐于给予或接受关注和关爱。我们刚刚提出的策略可以引发特定的行为，但是有些人还需要额外的鼓励。也许你爱的人想要对你表达更多感情，但是他们不知道该怎么做。他们可能不知道你最喜欢哪种情感表达方式，或者他们可能尝试以某种方式向你表达他们的爱，却被你忽略了，这让他们感觉很失败。不管具体情况如何，一种叫作建模的策略都可以帮你强化你的邀请。

了解建模的目的

建模是指向他人展示你想要的行为，这是一种基本的教学策略。建模背后的原则是，我们可以通过观察他人的行为来学习如何成功做某事。在我成长的过程中，我学会了做燕麦葡萄饼干，不是照着食谱学会的，而是通过观察我母亲制作的过程，并模仿她的做法学会的。例如，我注意到，她在烘烤饼干前会先在烤盘上刷一层油，我发现这样做可以防止饼干粘在烤盘上；同样，我学会了在宣誓时用右手捂着心口，不是别人专门教我这样做的，而是通过观察并模仿老师的行为学会的。我们可以把这种策略称为实例教学。

当然，建模并不是我们学习的唯一方法。我们可以通过他人的指导来获得知识，例如参加驾驶培训班学习如何驾驶。我们也

可以从自己的经验中学习，比如通过反复试验发现一天中什么时候是健身房人最多的时候。建模是传授信息的众多策略之一，但它在教授恰当的行为模式方面尤其有效，而且不仅仅适用于儿童。通过建模，我们不仅可以知道哪些行为是可行的，而且还可以知道在特定情况下什么行为最有效。

为你想要的行为建模

当你想要增进与他人的关系时，建模同样有效。通过让你的伴侣观察并模仿你的行为，让你得到你想要的结果。

以瓦莱里娅为例，她今年 51 岁，嫁给丈夫马蒂亚斯将近 30 年了。瓦莱里娅希望马蒂亚斯能更经常对她说“我爱你”，但她觉得这样会让他的丈夫产生脆弱感。于是，她为了鼓励丈夫这样做，并向他展示这样做可能产生的积极影响，她让他听到她对她生命中其他重要的人说“我爱你”，包括她的姐妹、密友和他们自己的儿子加布里埃尔。她想让马蒂亚斯看到，用这种方式表达自己的感情是多么舒服，而听到别人回应“我爱你”时，她又是多么高兴。

瓦莱里娅知道，她的丈夫很难开口说“我爱你”。因此，如果她只是简单地对他说“我爱你”，他只会觉得他有义务说同样的话——虽然这会让她得到自己想要的深情表达，但是她知道，这并不是马蒂亚斯主动说出的“我爱你”。于是，瓦莱里娅在便利贴上写下“我爱你”，并将其放在马蒂亚斯的工作台上，以一

种不那么具有威胁性的方式对这种行为建模。这样，他就会知道这句话是专门对他说的，而他也少了要立即回应瓦莱里娅的尴尬。

建模的重点不是像对待孩子一样对待你的朋友或伴侣。而是要以身作则，以一种不具威胁性的方式展示你喜欢和想要的行为。

◇ 试试这样做 ◇

当你和你的伴侣或与所爱的人在一起时，比如在假期和毕业典礼上，让你的伴侣看到你是如何向亲朋好友表达爱意的。然后，你可以很自然地和他/她也这样做，或只是让他/她观察你与其他重要人物的亲密交流方式。

耐心地促进积极的改变

要求某样东西的一个好处就是高效。除非你的朋友或伴侣想伤害你的感情，挑起一场争吵，或者想要与你迅速分手，否则他们一般都会默许并满足你的要求。然而，如果其情感表达不是出于自愿，而是被迫的，那就可能不够真诚，甚至可能引发他们的不满。虽然“要求”是有效的，但它并不是促进长期关系发展的良方。

邀请和建模所期望的行为更有可能吸引真正的感情，但这需要耐心。不是每个人都会以同样的方式回应邀请，每个人从建模中学到的东西也不是完全一样的。这是长期战略，需要耐心实施才能成功。对于有些人来说，可能很难做到有耐心，因为他们觉

得自己已经等了太久了，还是没有等到一位更体贴的朋友或更亲密的伴侣，但是这是获得真正的感情，促进关系长期发展的必要条件。

当你所爱的人对你的邀请和行为建模有所回应时，通过积极强化来鼓励他们的行为是很有用的。在行为心理学中，积极强化指的是对期望的行为改变做出反应并给予奖励。它是培训过程中不可缺少的一部分。例如，当狗狗听从命令坐着的时候，驯狗师就会给它一些食物作为奖励，从而鼓励获得奖励的特定行为（听从命令）。同样，如果孩子在规定的时间内打扫房间，母亲可能会答应给孩子吃冰激凌。在这种情况下，冰激凌奖励强化了妈妈想要的行为。数十年前——最早可以追溯到行为学家 B.F. 斯金纳（B.F. Skinner）的研究——都表明了积极强化对产生行为改变的有效性。

我并不是建议你拿冰激凌作奖励。但是，当你的邀请被接受时，表示认可确实很有用。在这种情况下，表达赞扬和感激可以很好地奖励这种行为，并增强其持续下去的可能性。我们都喜欢自己的努力得到他人的认可和赞赏，所以当你所爱的人对你的邀请做出回应，并按照你所希望的方式行事时，积极强化是鼓励其持续下去有效策略。

◇ 试试这样做 ◇

当你为你所爱的人建模亲密行为，并邀请他/她做出同样的表达时，请留意他/她的进步并给予赞扬。例如，朱莉注意到戴安娜在和她共进晚餐后拥抱了她（朱莉并没有要求她或鼓励她这样做），她回应说："谢谢你的拥抱，我真的很喜欢！"这样简单的表达可以传递这样的信息：你注意到了对方的努力，并且很开心她能这样做。对戴安娜来说，拥抱朱莉只是一个小小的举动，但朱莉的积极反馈强化了她的努力，并鼓励她下一次有更多的亲密行为。

停下来思考

在进入策略 3 之前，请花点时间思考以下问题：

- 在你的亲密关系中，你会做些什么来邀请亲密行为？
- 你如何为自己想要的情感表达方式建模？
- 你会以怎样的方式鼓励和强化所爱之人的积极改变？

策略 3：识别情感表达的多样性

希望别人更加深情的人，往往对感情以及情感表达方式的理解过于狭隘。例如，我想从父亲那里得到更多的爱，但我能想到的只有拥抱或说“我爱你”这样的表达方式。因此，我只能注意到他的这些特定行为。

许多人都有自己喜欢的特别的情感表达方式——亲吻、牵手或交换有意义的礼物等。不管是由于文化、家庭教育、性格的影响，还是由于生理因素的影响，每个人都有自己更喜欢的情感表达方式。有自己偏好的情感表达方式当然没有问题，但是也要记住情感表达方式有很多种。正如不是每个人都需要同样多的爱，每个人的情感表达方式也不尽相同。因此，要想在生活中获得更多的情感，想想那些你已经接受但可能被忽视的情感表达方式会很有帮助。

这对处于异性关系中（不管是和爱人、朋友还是家人）的人

尤其有帮助。你也许知道，男人和女人的思维模式不同，对感情的理解更是不同。所以，虽然你想要更多的某种特定的情感表达方式，但认识到你的伴侣可能在用你没有想到的方式表达爱也是很有帮助的。

明白人各不相同

每个人都需要感情，我相信几乎每个人生来就有表达感情的能力，但这并不意味着我们都会以同样的方式表达感情。相反，情感表达方式因人而异，我们想要得到的情感形式也各不相同。如果我们不去适应这些差异，我们就会错过他人的情感表达，认为他人不爱自己。

注意不同类型的情感表达方式

正如我们已经讨论过的，感情可以有多种表达方式。有时，我们会用语言来表达爱，比如说“我爱你”或者将其写在卡片上。有时，我们更喜欢非语言的表达方式，比如亲吻、牵手，或者社交支持行为，如帮助朋友。我们通常会根据所处的环境以及与情感接受者之间的关系来决定如何表达感情。实际上，一般来说，人们在某些场合和人际关系中会比平时更放得开。

亲密行为也因人而异。我们每个人都有自己表达爱和支持的

方式。以凯特琳和史蒂夫为例，他们已经结婚 11 年了，凯特琳是一个很善于表达的人，不管她是感到高兴、生气、厌恶还是紧张，她都能很自然地向身边人诉说她的心情。当她与史蒂夫、他们的孩子、她的亲密朋友或亲戚在一起时也会如此。她喜欢拥抱、触摸、亲吻和牵手等身体接触，并且经常用这些方式来表达爱和同理心。

相比之下，史蒂夫要保守得多。正如凯特琳所说："他是一个很难读懂的人。"他更喜欢把自己的情绪——无论是积极的还是消极的——藏在心里。当凯特琳和他亲吻、牵手、对他说"我爱你"时，他也会很自然地做出同样的行为来回应，但他几乎从不主动这样做。

但这并不意味着史蒂夫对凯特琳的感情没有凯特琳对他的那么深。他很爱凯特琳，只是表达方式不同而已。史蒂夫喜欢用务实的行动来表达他的爱，而不是通过直接的语言或非语言行为表达。如果你问他如何表达对凯特林的爱，他会说：给她的汽车做保养；把草坪和花园打理好；每天早上给他们的猫和狗喂食；不用她吩咐，就把家里所有该做的维修工作做好。

虽然史蒂夫欣赏凯特琳表达感情的方式，但是他更喜欢用实际行动表达爱。在他看来，照顾妻子的直接生活需求比拥抱或写卡片更有价值，也更能表达他对妻子的爱。这就是史蒂夫的风格，凯特琳很早就意识到了这一点，所以，她理解并感激他为她做的

一切，她知道这就是史蒂夫爱的表达。

然而，大多数情况下，人们往往很容易忽略这类工具性情感表达方式，因为许多人认为爱是通过拥抱或说“我爱你”等更具情感表现力的方式表达出来的。然而，对于工具性交往风格的人来说，他们的行为和亲吻或说“我爱你”一样有意义。

亲密行为中的性别差异

男人和女人都更可能会通过史蒂夫这种工具性情感表达方式来传递情感。实际上，男性和女性在情感风格方面也存在很多相同之处，例如，有些男性属情感外露型，有些女性则更倾向于工具性情感表达方式。这是每个人的个性使然。然而，多年的研究已经证实，相对来说，男性更喜欢史蒂夫的做法。也就是说，在情感表达方面，除了人与人之间的个体差异外，还存在基于性别的群体差异。

例如，在我自己的几项研究中，我曾邀请成年人描述他们通常是如何向所爱之人表达爱意的。大多数人采取的是表现性行为（如拥抱和说“我爱你”）和工具性行为（如给汽车换机油）相结合的方式。不过，我们通常更喜欢其中的一种。正如我们已经讨论过的，情感表达方式不仅存在个体差异，还存在明显的性别差异。男性比女性更倾向于通过工具性行为来表达爱，如凯特琳

和史蒂夫的例子中，史蒂夫更喜欢通过检修汽车而不是写爱心卡片来表达他对凯特琳的爱。

这种差异在人们与同性的关系中更加突出。例如，当我对兄弟情和姐妹情，甚至男男友情和女女友情进行比较时，男女之间的差异更加明显。男性之间更倾向于使用工具性行为来表达感情，而女性之间则更倾向于使用表现性行为来表达感情。这种差异也存在于异性关系中，包括婚姻。

我不确定为什么男人和女人会喜欢不同的情感风格。这可能有点类似于文化差异，不同社会文化对男性和女性的理想行为有不同的期望。至少在北美，“男子气概文化”鼓励男性承担汽车保养和家庭维修等工作，因此，男性（甚至是自认为具有男子气概的女性）通常会很自然地以这种方式来表达对他人的爱。同时，男性文化不鼓励以更公开的方式表达感情，如口头表达或拥抱等直接行为。“女性文化”则恰恰相反。在某种程度上，北美社会对男孩和女孩的适当行为（包括亲密行为）抱有不同的期望，“阳刚之气”和“女性特质”都是文化塑造的结果。

在偏爱的情感表达方式方面的性别差异可能与生物学相关。近年来，科学家们发现，诸如亲吻和拥抱等表现性行为对男女激素水平的影响是不同的。一些研究人员认为，女性之所以比男性感情更丰富，是因为催产素和多巴胺的分泌能让女性感觉更好。

随着时间的推移，人们会习惯性地重复那些让人感觉良好的行为，所以这也可以用来解释为什么情感表达方式更具有女性特征。

与许多行为一样，社会因素和生理因素的共同作用可能是导致两性情感风格差异的根本原因。不管是什么原因，重要的是要注意在你自己的人际关系中是否存在这种差异。

◇ 试试这样做 ◇

识别他人的情感表达方式包括识别彼此之间的差异。花点时间想想你与配偶或恋人的关系。简短列出你们在沟通方面的不同之处。你们各自注重哪种沟通方式？你什么时候更喜欢口头的表达方式，什么时候更喜欢非语言交流方式？

关注你已接收到的爱的表达

你的朋友或恋人可能会试着用他们觉得很自然的方式向你表达爱意，但你却没有领会到。尤其是对男人来说，他们更多是通过行动而不是言语或亲密行为来表达爱。拥抱或说“我爱你”对某些男人来说可能很容易，但也因此没那么有意义，而为你的利益付出努力对他们来说却是他们发出真诚的爱的信息。因此，如果你想在生活中得到更多的爱，就应该去发现并认可你已经得到的每一份爱。

意识到工具性情感表达方式

我之所以用工具性这个词来描述史蒂夫这种更积极的、以任务为导向的情感表达方式，是因为他的努力集中在与凯特琳的日常生活中那些工具性的——也就是必要且有用的任务上。尽管男人和女人都可能偏爱这样务实的情感风格，它可能来自女性，但往往更具男性特征。因此，在这一讨论中，我将使用男性代词，并请你思考一下男人在生活中的所作所为。

话虽如此，我还是想鼓励你去注意你的朋友或爱人通过肢体语言表达爱意的方式。也许你有朋友和你一起参加社交活动，所以你并不孤单。也许你的配偶会很早回家给你做晚饭，或者利用周六的时间打扫阁楼，因为他知道你会用到那个地方。工具性情感表达可以大到在秋天安装一个新的炉子，这样你在冬天就不会感到冷了；也可以小到发一条短信，看看和医生的预约进行得如何。

人们很容易将这些行为视为“他无论如何都应该做的事情”。他想要什么，奖牌吗？对他来说，这些和你想要的亲吻和牵手一样，是一种真诚的情感表达。

当他和他的朋友们在一起时，情况往往也是如此。许多男人不会拥抱彼此或对他们的朋友说“我爱你”。这些行为可能对他们来说很不自然，但这并不意味着他们对彼此没有真挚的感情。以30岁的保罗为例，他从初中起就认识了他最好的朋友戴尔和马特。这

3 个男人都乐于直接向妻子表达爱意。但是他们彼此之间的情感表达更多是工具性的。两年前，马特和保罗都从工作中抽出时间来帮助戴尔安装新屋顶。去年春天，保罗的妻子流产了，戴尔帮忙把保罗的儿子从托儿所接回来，并将带他回家和自己的孩子一起过夜，以便保罗和妻子有时间在一起。马特、保罗和戴尔可能不会对彼此说“我爱你”，但他们的行为却清晰而明确地传达了这一信息。如果被询问，他们可能会说，他们不太需要用言语来表达他们的感情，因为他们已经通过行动表达了。

认可工具性感情行为

意识到你所爱的人对你的情感表达方式很重要。第二个同样重要的步骤是认可这些表达。

在我自己的研究中，许多人（几乎都是男性）告诉我，他们最大的感情挫折是他们爱的姿态得不到承认。对他们来说，这不仅仅是想通过的工作（无论是照料汽车，修剪草坪，还是其他）得到赏识。他们更希望他们的另一半能把这些行为理解为爱的表达。花点时间想想，在你自己的关系中是否也有这样的情况。这在某种程度上会产生一定的负面影响。

最直接的影响是，他会觉得别人看不到他为爱做出的努力，会觉得这一切都不重要。我们每个人都能想象（或者还记得）给

某人寄去一张深情的卡片或礼物，但却没有得到对方的认可的情形。可以理解的是，我们会因此感到被轻视，也许还会受到感情上的伤害，并且以后再也不愿意采取类似的表达方式。当男人试图通过行动来表达爱的努力一再被忽视时，他们就会感到被轻视、受伤和沮丧。

第二个负面影响是，一再否定他们的努力会让男人觉得自己在感情上失败了。更糟糕的是，他们的伴侣可能也会有同样的感觉。的确，一般来说，男人不像女人那样感情外露。实际上，在许多情感表达方面，男人都比女人更含蓄。这不只是刻板印象；研究表明，这是一个准确的评价。准确地说，许多女性会对此感到沮丧，并希望她们的丈夫或男友能更有表现力。但是要记住，男人在沟通上的失败只是因为他们的沟通方式与你不同。所以，当他们特有的情感表达方式不被赏识时，他们会有失败的感觉也是可以理解的。

最后，不认可男人务实的感情风格会导致女人对如何表达爱的理解很狭隘。如果女性有意识或潜意识地认为只有拥抱、亲吻或说“我爱你”之类的行为才算爱，那么她们不仅限制了男性的情感表达方式，也限制了自己的情感表达方式。这实际上也有悖于女性的生活经验。也就是说，很多女性将其姐妹或密友对她们的帮助看作是爱的表达，但却没有意识到男人的这些行为也是出于爱。如果意识不到情感表达方式的多样性，人们对什么是爱以及如何进行情感交流的理解就会过于狭隘。

虽然这听起来很复杂，但解决方法却很简单。当你意识到工具性感情行为时，你要及时给予他认可和欣赏。你可以口头告诉他，他主动照顾你对你来说是多么的重要。也可以说你很感激他为你着想，让你感到舒适和安全，让你感到被爱。或者，你可以通过非语言的方式来传达这些信息，比如用你自己的表达方式来回应他的工具性表达。在他修好漏水的屋顶后，给他一个拥抱或亲吻，这既表示赞赏，也表达了感激之情。认可并欣赏工具性情感形式可以极大地帮助我们解决和预防上述问题，让男人们觉得他们的深情之举是有价值的。

◇ 试试这样做 ◇

试着站在配偶或伴侣的角度去看待你们的关系。他或她通常是如何向你以及他人表达感情的？列出你的配偶或伴侣向你表达爱意的方式——无论是表达性的还是工具性的——尤其注意那些你通常没有意识到或不认可的表达方式。然后，想想你可以怎样表达你对这些行为的认可和欣赏。

愿意自我反省

对我们当中的任何一个人来说，如果一段关系不像我们希望的那样亲密，那么我们就很容易认为一切都是对方的问题。我经常听到有人这样说：“我想尽一切办法想让他更多地表达对我的爱，

但他就是不愿意。”当我听到人们这么说的时候，我知道他们可能已经尝试了他们所能想到的一切办法。然而，根据我的经验，通常情况下，他们所尝试的一切都是为了改变他们的伴侣，而从没有想过要改变自己。

本部分描述的策略就是一个很好的例子。它有助于扩展我们认知什么是爱，以及如何表达爱的方式，这样我们就会承认我们目前接收到的所有的爱。请注意，这个策略主要是自我关注，它并不是改变你的伴侣，而是改变你自己。

这就要求你愿意自我反省，并承认你缺乏关注或感情并不完全是他的错。对方很可能是用你根本没有注意到的方式表达了对你的爱——因此，要改变就需要先自我反省。

可以理解的是，人们经常对自我反省感到担忧。从认知上来说，把注意力放在别人做错的事情上比承认并改正自己的缺点更容易，从情感上来说，也更有安全感。所以，对自我反省感到犹豫当然没有什么不好意思的。尽管这会让人不安，但它对个人及其人际关系还是很有价值的。

采用本部分所述的策略也很重要。无论你是否有情感剥夺感，都请盘点你得到的所有的爱——包括你忽略的情感表达。需要仔细思考的是，你如何注意到你伴侣的行为，然后改变你的想法和行为，而非简单地责怪他人。所有这些都是需要付出努力的，但是，

你值得这样做。因为这不仅有益于你的浪漫关系，而且对所有具有工具性感情表达的关系都有益处。

◇ 试试这样做 ◇

在两三个不同的场合，找一个没有噪音和干扰的地方，在那里你可以反思自己的人际关系。首先，列出你向朋友或伴侣表达感情的方式。自我反省并不意味着自我批评，所以请允许你承认自己已经做得很好了。接下来，如果对方不像你希望的那样专注或深情，那么，请诚实且不带任何批判地问问自己：有没有自己的原因？例如，在对方的行为中，你是否只对自己喜欢的情感表达方式给予肯定？最后，想想你在建立一段更亲密的关系的过程中可以扮演什么角色，并诚实地问自己，该角色是否应该包括认可并欣赏对方的情感表达方式，即使它与你自己的表达方式不同。

在很多关系中，开始注意并去欣赏你曾忽略的感情形式，是让你感受到更多爱的途径之一。我们都会时不时地忽略一些爱的表达，但当我们鼓励自己去识别、认可并欣赏它们时，我们就会在人际关系中不断成长。

停下来思考

学会注意和欣赏更多种类的情感表达方式需要付出时间、努力和自我反省。在进入策略4之前，请先思考以下问题：

- 为什么女人和男人表达感情的方式如此不同？哪种风格更好？
- 除了本章中提到的例子之外，在你自己的人际关系中，还有哪些工具性情感表达方式？
- 你可以怎样表达你对各种情感表达方式的欣赏？

策略 4：培养多种亲密关系

人们生活中缺少感情的原因之一是，他们总是希望某个特定的人来满足他们所有的关注和情感需求。正如我们已经讨论过的，我们从一开始就希望父母——尤其是母亲，来满足我们对爱的需求。当我们还是婴儿的时候，这没什么不好。但是当我们成熟后，我们有时会犯这样的错误：继续期待某个特定的人给我们所有我们想要的情感。那个人通常是我们的恋人，也可能是父母、另一个家庭成员或朋友。不管那个人是谁，期望某个人来满足我们所有的情感需求是不现实的。为了吸引更多的感情，我们可以广泛培养各种亲密关系。这一方法从评估你当前的期望开始，然后在更广泛的关系中培养感情。

评估你的期望

我们有时会对别人做出不切实际和不合理的期望，但自己却意识不到。为了打破这种模式，我们必须仔细检查我们的期望，

以确定它们是如何在我们的人际关系中限制我们的。重要的是，我们必须要以诚实、开放的态度来完成这一过程。

确定你的期望是如何限制你的

在处理人际关系方面，你可能会有非常现实的期望。回想我们之前关于依恋安全的讨论，依恋安全指的是一个人信任和依赖与自己有重要关系的人的能力，如家人、朋友或恋人。你和你的主要照顾者之间的关系会影响你与他人的依恋关系。如果你的依恋风格反映出高度的安全感，那就意味着你可以放心地信任他人，并让他们也信任你，你不用担心你所爱的人会让你窒息或抛弃你。因此，你对他人的感情期望往往是理智且现实的。你通常知道自己可以期望从他人那里得到多少感情，而且你也通常不会有情感剥夺感。

安全型依恋是最好的依恋类型，但是，很多人都属于不安全的依恋类型，这意味着他们对自己关系的牢固程度没有信心。正如我在策略 1 中所解释的那样，不安全依恋有 3 种主要形式：

- 恐惧型依恋：想要和他人亲密，但又害怕和他人亲密。当一段新的关系逐渐变得亲密时，他们便会退缩。
- 痴迷型依恋：总觉得没有得到自己想要的爱和亲密。即使对方说爱他们，他们也总是担心对方并不是真的爱他们，担心所爱的人有一天会离他们而去。他们害怕被抛弃，他

们的爱经常令人感到窒息，他们常给对方施加压力，要其做出爱的回应。

- 疏离型依恋：没有与他人建立亲密关系的强烈愿望。他们通常不喜欢依赖别人，也不喜欢别人依赖自己，宁愿一个人独处。

期望某个特定的人来满足你所有的情感需求是不现实的，原因有很多。首先，这会给对方带来巨大的压力。无论这段关系是浪漫的、柏拉图式的，还是家庭式的，很少有人会喜欢这种压力，而那些不喜欢这种压力的人可能会反抗也是可以理解的。如果你期望某个特定的人给你所有你想要的爱、亲密和感情，那么这个人通常会感到压力很大，你们的关系很可能会以失败告终。也许你认为这证实了你害怕别人会离开你的想法，但实际上是你不现实的期望赶走了他们。因此，采取这种方法的人往往会创造一个自我实现的预言，他们害怕被抛弃，但却用自己的行为促使了这一结果的发生。

除了会给对方带来巨大的压力外，这种期望本身也注定无法实现。不管对方有多在乎你，大多数人根本无法凭一己之力为一个人提供所有你想要的爱。如果你和许多人一样，希望得到很多很多爱，那就更加不会实现。即使是有能力满足你需求的人，也往往不能无限期地满足你的要求。那么，不可避免的结果就是失败和失望，而这绝不是建立长期亲密关系的秘诀。

把所有的情感鸡蛋放在一个篮子里的第三个缺点是，我们剥夺了自己在更广泛的关系中体验爱的机会。给某个人施加的压力越大，我们从各种关系中体验爱的机会就越少。即使我们找到了自己的灵魂伴侣，我们仍然可以和不同性格的人建立亲密关系并从中获益。在本节的后半部分，我将有更多内容要说，因为培养更广泛的人际关系是得到更多爱的关键策略。

对自己诚实

对你的期望进行评估是让其变为现实的重要的第一步，但是如果你不能诚实面对自己，那么这将是一个无用的练习。当然，并不是每个人都能很轻松地进行自我反省。认真且长时间地审视自己可能会令人感到害怕，因为我们通常不确定自己会看到什么。更重要的是，我们许多人都不愿意承认自己的想法或期望不合理。虽然这有助于我们保护自我，增强自尊，但这往往会妨碍我们进行诚实的自我评估。

心理学家说，人都有一种自我服务偏见，这种偏见使我们急于承认自己的长处，却不愿承认自己的短处。以阿什莉为例，她是一所大型州立大学会计专业的大三学生。阿什莉（Ashley）的数学和商科成绩很好，她认为这源于自己的勤奋和自己在数字方面的天赋。在她看来，她能在这些课程中获得高分是因为她付出了努力，是自己应得的。不过，和大多数学生一样，她也必须选修人文学

科的课程，而她在这些课上的表现要差很多。当她在人文学科上取得好成绩时，她依旧会把这归功于她的努力。然而，当她表现不佳时，她就会将其归咎于老师教学不力或评分制度不公平。

换句话说，阿什莉认为她的成功是自己努力的结果，而她的失败则是由别人造成的。这种偏见维护了她的自尊，使她不必承认成绩好与坏都是自己努力的结果。然而，大多数了解阿什莉的人都知道是怎么回事，他们知道，阿什莉对她不喜欢的课程根本没有付出过努力。

我们很容易看到他人的自我服务偏见，却很难意识到自己也有这种偏见。然而，想从自我反省中受益，你就必须愿意看到真实的自己，而不是你希望的自己。评估自己对人际关系以及其他重要方面的期望时，也要一样诚实。当你评估自己对感情的期望时——尤其是当你觉得这些期望是多么的不现实的时候——你必须以一种开放的心态去认识你的的问题和潜能。

◇ 试试这样做 ◇

在反思自己的期望时，我们有时会把期望和欲望相混淆。有时候，我们的期望是不合理的，因为我们没有把我们想要的和我们可以合理期望的区分开来。花点时间仔细想想你与某个亲密朋友的关系，然后列出一个两栏的清单，一栏写你想从对方那里得到的感情，另一栏写你认为合理的期望。例如，在第一栏中，你可以写“我希望

每周见她 4 次”，而在第二栏中，你可以写“我可以合理地期望每周见她两次”。注意其中的差异，那可以帮助你明确你的期望。

在更广泛的关系中培养感情

我并不是要你从那些你期望能够满足你需求的关系中退出，而是要你停止期望所有的爱都来自某一人，要你在更广泛的关系中邀请爱，包括现有的关系和新的关系。

在现有的关系中寻找感情

当你试图在更广泛的关系中培养感情时，从你现有的关系出发会很有帮助。即使你将大部分希望都寄托在某个特定的人身上，你依然可以拥有其他重要的人际关系，这些关系可以发展成为有价值且可靠的情感来源。还记得安娜吗？我们提到过她的故事。她意识到，无论她多么渴望得到母亲的爱，她都不可能得到，因为她的母亲根本不是一个有感情的人。正如安娜所说：“当我从母亲那里得不到我需要的爱时，我感到被拒绝、不被爱、悲伤，遇到糟糕的事情不知该如何应对。我感到非常孤独。”

安娜很容易继续期望母亲能够满足她的情感需求，尽管她知道那是不可能发生的。不过她没有犯那样的错误。相反，她培养了更广泛的现有关系，包括与孩子和婆婆的关系，这成为她渴望的爱的来源。

在安娜的故事中，她最需要母亲的爱，但她的母亲根本无法给予她想要的爱。然而，在有些情况下，我们确实能从某个特定的人那里得到爱，只是得到的爱与我们期望的爱相差甚远。以埃琳娜为例，她今年 40 岁，是 3 个孩子的母亲。她和她的丈夫特里的关系非常亲密，但不管她从特里那里得到多少爱，她还是期望能得到更多的爱。因此，与安娜不同，她从她期望的人那里得到了爱，只是这些爱还远远不够。

如果你认同安娜或埃琳娜，那么请想一想你现有的关系。想想你的朋友、亲人、同事和其他与你有积极关系的人，然后再想想自己想要进一步了解谁。你想在哪些关系上投资？人际关系是在培养中成长的，通过培养你现有的一些人际关系，你可以找到更多生活中缺失的情感。假设你想和同事更亲密一些，那么你可以邀请他或她与你一起参加一个你们都喜欢的活动，例如参加品酒会、慈善比赛或看恐怖电影。科学研究和日常经验都告诉我们，两个人一起参与感兴趣的活动可以拉近彼此之间的距离。一定要尽量减少外界干扰，这样你才能尽可能多地关注你的同事。当你们在一起的时候，多问同事有关他或她自己的事情。我们大多数人都喜欢讲自己的故事，所以多将注意力集中在你的同事身上，而不是只谈论你自己，可以增进他或她对你的亲密感。听起来很简单，但却是解决复杂人际关系问题最有效的方法。

在新的关系中寻找爱

与我们已经认识的人建立更亲密的关系可能会对我们有所帮助，但这并不足以满足我们的情感需求。例如，也许你刚刚搬到一个新城市，尚未建立强大的社交网络；或者，你太过渴望得到来自配偶或伴侣的爱，以至于没有精力去培养其他亲密关系；又或者你可能和朋友或亲人的关系很好，但是这些还不能满足你所有的情感需求。

在这种情况下，从新的关系中寻找情感会很有帮助。我所说的新的关系并不是指新的恋爱关系——尽管你可能会认为这也很有必要——我指的是新的社会关系，如朋友、邻居、同事或其他社会关系。

你可能还记得本书前言中的胡安•曼。他刚刚回到他的祖国澳大利亚时，感到特别孤独，情感需求无法得到满足。他的解决办法：在街上提供免费拥抱。虽然有点夸张，但是很有效。如果你也有同样的勇气，也想举办一个免费拥抱活动，那么你也能获得更多的力量。

胡安•曼的故事告诉我们，我们要积极主动地去寻找新的亲密关系，而不是认为自己无法发展或不配拥有亲密关系。寻找新的关系并不总是那么容易，对成年人来说更是如此。因为成年人通常过着程序化的生活，而这会使他们的人际关系局限在一个小圈子内。程序化生活有其自己的价值，但却很容易让我们的生活一

成不变。

我们可以通过参加一些活动来与他人互动，进而发展新的亲密关系，如：

- 报名参加慈善步行活动。
- 加入投资俱乐部。
- 去听公开演讲课。
- 参加新教堂或犹太教堂的礼拜。
- 去健身房或建立一个锻炼小组。
- 举办一个派对，让每个受邀者带一个你不认识的人参加。
- 在医院、学校或动物收容所做志愿者。
- 如果你够大胆，举办一场免费拥抱活动。

这些活动各不相同，但它们都有一个重要的共同点：每一项活动都可以为你提供与圈外人见面和发展关系的机会。当然，你不会和你遇到的所有人都发展亲密关系。不过，你可能会选择和其中一些人在一起，培养自己和他们的关系可以让你获得更多情感。

扩大社交圈来寻找感情可能对我们很有帮助，但这也会让我们感觉自己似乎放弃了那个我们期望的人。假设你意识到了你期望你的配偶来满足你所有或大部分的情感需求，然后为了改变这种情况，你努力发展新的友谊。这样做可能会让你觉得你是在承认自己婚姻的失败，感觉像要放弃配偶一般。我可以理解你的这种感觉。但是，你真正要做的并不是放弃你的配偶，而是消除你

不切实际的期望所带来的压力。意识到自己对感情的要求过高并予以纠正，并不意味着宣告婚姻失败。

◇ **试试这样做** ◇

计划一个晚上或周末——不受打扰，没有你的另一半——和你生命中另一个亲密的人一起度过，例如朋友或兄弟姐妹。选择一个你想要与之重建或加强关系的人。当你们在一起时，专注于欣赏对方，享受这段关系。如果可以的话，对其他人也这样做。感受和对方在一起的快乐，而不是一直想着要从对方那里得到多少感情。

最后，当你考虑新的亲密关系时，不要忘记宠物是人类最亲密的伙伴之一，与宠物建立亲密关系尤其具有治愈作用。抚摸猫或狗可以缓解人们的压力，如降低血压，研究表明这样做也能降低宠物的血压。如果在家里养宠物不可行，可以考虑志愿为动物保护协会或当地的其他宠物收容所遛狗，这样你就有机会去结交新朋友了。如果你没有时间去做志愿者，你也可以找个时间去摸摸那些可以收养的小动物，它们也和你一样渴望得到爱。

在发展新关系的同时保护好现有的关系

正如我之前提到的，扩大你的亲密关系圈有很多好处，其中最重要的一点就是它为分享感情开辟了新的途径。然而，要想成功，

该策略必须伴以对你现有关系的足够关注，并确保你在拓宽关系范围的过程中不会忽视它们。

以丹和塔米为例，他们已经结婚 22 年了。不久前，塔米才意识到她之所以没有得到她想要的那么多的爱，部分原因是因为她指望丹一个人来满足她所有的感情需求。为了在生活中获得更多的爱，她开始培养新的亲密关系。遗憾的是，她没有考虑到自己的行为对丹的影响。

随着塔米和新朋友在一起的时间越来越多，丹开始觉得自己被忽视了。他试图对塔米表达更多的爱，因为他知道这是她想要的。但是，虽然他极力表达自己的爱，塔米却越来越少在他身边。一天下午，他早早下班回家为塔米做了一顿特别的晚餐，结果发现她已经和两个新朋友约好了一起去听音乐会，直到深夜才回家。尽管丹能照顾好自己，但他觉得塔米对他们婚姻的投入越来越少。

随着时间的推移，丹的感觉从被忽视变成了嫉妒。塔米的新朋友圈里有一些男人，她似乎很喜欢和其中的几个在一起。至少有一次，她下班后和其中一个男人去喝酒。丹相信塔米爱他，对他们的婚姻忠贞不渝，但她和其他男人在一起的时间越长，他就越嫉妒——尽管那只是社交，无关性或浪漫。最后，丹甚至觉得塔米开始放弃他了，虽然塔米从未有过这样的想法。

丹和塔米的情况说明了重要的一点：在扩大亲密关系圈的同时一定要保护好你现有的亲密关系，尤其是婚姻或恋爱关系。塔

米开始结交新朋友的出发点当然是好的，但如果她能同时发展现有的关系和新的关系的话，她会做得更好。她以为丹不会因为她结交新朋友而感到被忽视或威胁。毕竟，他们只是朋友，而丹先前的冷淡也让塔米觉得他并不在意自己做什么。事实证明，塔米的想法是错误的，这反而使他的丈夫很受伤。

这并不是说配偶或伴侣（不管是男人还是女人）没有权力和其他人交朋友。但是，要想婚姻或恋爱关系更持久，就不能用新朋友来替代爱人。如果你的配偶或伴侣对你正在培养的新关系感到不舒服或者感觉受到了威胁，那么开诚布公地谈一谈是很有必要的，而不是像塔米那样做出错误的假设。最重要的是，即使你正在扩大自己的亲密圈，也应该保护好现有的亲密关系——无论是与恋人、家人还是朋友的关系。

◇ 试试这样做 ◇

邀请你的配偶或伴侣与你和你的新朋友共度时光，这样他/她就会感觉好很多。而且，如果你和你的新朋友关系很亲密，你的配偶或伴侣还可以借此机会观察并学习如何表达感情。

特别是在婚姻中，我们很容易将所有的希望、梦想和期望都寄托在配偶身上，而自己却意识不到这一点。对包括情感需求在

内的多种需求而言都是如此。然而，这样的期望一点都不现实，这只会让你的配偶感觉自己很失败。更好的办法是对配偶有合理的期望，并在生活中培养更广泛的亲密关系。

停下来思考

我们常常抱有不切实际的期望，而自己却意识不到。在进入策略5之前，请先考虑以下问题：

- 当你需要或想要爱时，你会想到谁？总是同一个人吗？
- 在你现有的亲密关系中，哪段关系最有可能变得更亲密？
- 结识新朋友会让你感觉很开心吗？

策略 5：远离有毒的感情

感情对个人及其人际关系都有很多好处，但这并不意味着所有的感情都是好的。如果感情带有附加要求——而不是免费和无条件地提供——就会对个人和他们的关系产生有害的影响。有些人太过于渴望感情，以至于他们会接受任何形式的感情作为交换，他们被说服去思考、说或做一些他们本不愿意做的事情。更糟糕的是，很多人在这种情况下根本意识不到自己可能被利用了。我们想要更多的爱并不意味着要接受不真诚的爱。在邀请更多真挚的感情的同时，我们也要学会拒绝那些会给我们带来不合理或不必要的负担的感情。要想筛选出好的感情，我们必须明白，人们的爱可能会有多种动机——不是所有的动机都是积极的，我们必须学会识别并抵制有害的情感形式。

了解感情的多重动机

之前，我提到了一些教堂里常见的行为。其中一种行为与本

部分尤其相关：每当有新人被介绍进来时，现有教会成员都会对其极其热情友好。他们不停地对他说，他们有多爱他、多关心他，还会给他送礼物以及其他恩惠——大多数人对熟识的人才会这样做。所有这一切都是为了让新来者感到自己很受欢迎，让其成为大家庭的一分子……只要他们加入教会并接受其信仰和价值观，这种热情就会一直持续下去。

大多数新来者似乎都很喜欢这种真情的流露并乐享其中。然而，由于各种各样的原因，他们中的许多人最终认为这里不适合自己。就在那一刻，所有的爱和感情都消失了。昨天人们还在说："我们全心全意爱你！"今天就变成了："我们不想再见到你！"

多年来，我看过几十次，甚至上百次这样的场景。这让我深深明白：人们的感情动机是多种多样的，我们必须学会区分什么样的感情是真诚的，什么样的感情是虚伪的、操控型的。

要意识到并不是所有的感情都是真诚的

直到多年以后，在我成为一名社会科学家后，我才知道这种用感情来操控他人的做法叫作"爱的轰炸"，在宗教组织中最为常见，人们用这种行为来吸引和留住新成员。更有甚者，在邪教组织中，他们的信仰往往过于极端，以至于必须诱骗新人加入并对其加以控制。

“爱的轰炸”虽然极端，却很常见，我将其称为“有毒的感情”。如果真诚的感情是表达对某人真正的爱和喜欢，那么有毒的感情就是别有用心的爱的表达。也许我说“我爱你”是因为我真的很爱你，我想让你知道；或者是因为我想从你那里得到些什么，我认为如果我向你表达爱意，你更有可能把它给我。孩子们经常发现，如果他们告诉妈妈他们有多爱她，他们就可以说服妈妈让自己多吃一块饼干或多看几分钟电视。（当然，许多妈妈能够识破孩子的诡计，但这并不意味着她们不会默许。）作为一个成年人，我可能也会尝试同样的伎俩，告诉你我是多么爱你、多么在乎你，只是因为我想和你借钱，或者只是想让你对我说同样的话。

你可能会认为这种行为有点卑鄙，的确是。然而，不幸的是，这种行为非常普遍。

几年前，为了了解利用感情来蛊惑或说服他人的现象有多普遍，我对来自全国各地的1000名大学生进行了调查。我问他们，他们是否曾在不爱某人的情况下却对其表达爱意——如果有，他们真正的动机是什么。

我猜到了会有很多人说他们曾有过利用感情来说服或操纵他人的经历，但我却没有想到其使用频率是如此频繁：近90%的受访者表示，他们曾别有用心地对某人表达过感情——而其中一半以上的人在前一个月里至少有过一次这样的行为。这表明，利用感情来说服或操纵他人是一种司空见惯的现象，比我最初想象的

还要司空见惯。

当我问及他们这样做的原因时，他们给出了不同的答案：

- 其中一些我们可以称之为“以关系为中心的动机”，旨在提高人际关系的质量或稳定性。例如，有些人会为了避免冲突而表达感情。
- 一些是“以接受者为中心的动机”，专注于感情接受者的需求和欲望。有些人说他们是为了表达同情或避免伤害别人的感情才这样做的。
- 还有一些是“以自我为中心的动机”，意图满足自己的需求和欲望。有些人利用感情来获取金钱或其他资源（“我爱你！你能借给我 100 美元吗？”）。有些人表达爱是希望对方原谅自己的冲动鲁莽（“我爱你！请原谅我昨天对你大吼大叫”）。

当人们别有用心地表达感情时，他们的动机不一定都是自私的，这也许能令人稍感欣慰。有时，即使我们没有感觉到爱，我们也会表达爱，因为我们认为那是对方当时需要听到的。但是，这有点像虚假地赞美某人，即使这会让那个人在那一刻感觉良好，但那一刻很快就过去了，留下的只有空洞的赞美。当然，许多对感情的操控性使用都是出于利己动机，这样的动机使发送者受益，却忽略了接收者的需求。

人们为什么会利用感情来操纵他人？出于什么目的？对这一

问题的研究很有趣，但对我来说，更有趣的问题是：这种策略为何有效？换句话说，人们为什么会被这样的情感表达收买？接下来我们将解开这一谜题。

了解感情为什么具有可操控性

利用像感情这样珍贵的东西来操纵他人——尤其是为了个人利益——可能会让人反感、厌恶，甚至憎恨。但是，这种行为如此普遍是有原因的：有效。

我所说的“有效”是指这样做能够令感情发送者达到目的，使感情接收者按照感情发送者所希望的方式去思考、感受、相信或行动，不管这是否符合接收者的最佳利益。19 岁的安吉拉，是一名大学二年级的学生，为此付出了很大的代价。她和她的男朋友（现在是前男友）泰德在一起才一个多月时，泰德就想和她发生性关系，而安吉拉觉得自己还没准备好。一天晚上，他们在泰德的寓所玩时喝了一些啤酒，泰德告诉安吉拉他爱她，就在他们开始接吻和亲热的时候。安吉拉的脑海里闪过一个想法：他不可能那么快就爱上我。但是，在那一刻，听到这样的话还是让她感到无比喜悦。她一直在等待一个爱她的人，而他就在这里！那一刻良好的感觉让她放下了所有的戒备，将自己的第一次献给了泰德。

如今，泰德坦承他根本就不爱安吉拉。他只是想用这种感情表达来得到性满足，根本没有考虑过安吉拉的需要。他无意与安吉拉建立关系，那晚之后不久，他就离开了安吉拉，去继续他的下一段征程。然而，安吉拉却在感情上受到了重创。她很伤心，因为泰德并不是真的爱她，同时也为自己轻易相信他的话而恨自己。尽管她最终找到了一个真心爱她的男人并与之结婚，但在经历了泰德的事之后，很长一段时间里，她都不敢相信任何人的感情表达。

安吉拉并不是唯一一个泰德为了获得性而向其表达爱的女人。根据他的经验，这种方法并不总是有效，但大多数时候都有效。同样地，我以前所在教堂的教友们对每一个准信徒都使用“爱的轰炸”，尽管有些新来者没有选择留下来，但大多数人都留下来了。这种策略为什么会成功呢？

答案可以追溯到我在本书开头所做的观察：我们人类对归属有着强烈而持久的需求。人们通常只对自己关心的人表达感情，所以接收到“爱”的表达会让我们感到被重视，并激发我们融入他人的动力。因为我们的社会需求是如此强烈，所以我们愿意去帮助那些（貌似）对我们有感情的人。以这种方式运用感情是一种欺骗性的、操纵性的行为，因为这种“爱”是不真诚的，如果对方不遵守我们的要求，“爱”就会被收回，就像在我之前所在的教会中，当新来者拒绝留下来的那一刻，教友们的“爱”就立刻

消失了。尽管如此，这种形式的爱依然极具说服力，因为我们是如此渴望爱并需要被爱。很少有人能够拒绝别人给予的爱和关注。

我们也觉得自己有义务去帮助那些爱我们的人，对亲人来说尤其如此。如果你需要一大笔钱或者想找个地方住上几个月，你会找谁帮忙？大多数人首先会想到自己的家人。现在换一种方式来考虑这个问题：你最有可能向谁提供这样的帮助？对我来说，比起帮助一个非亲属，我觉得我更有必要帮助我的亲人。

这种必要性实际上有其进化的根源。纵观人类历史，在其他条件相同的情况下，比起与非亲属分享更多资源的人，那些与亲人分享更多资源的人往往会有更大的成功。当我给我的亲戚提供帮助他们生存和发展的资源时（比如钱或房子），我就增加了自己的基因遗传给后代的概率，因为我们有着相同的基因。朋友、邻居或同事就不一样了——尽管他们对我的帮助也很有价值，但与基因遗传无关，因为我们没有血缘关系。

所有这些都极具说服力：如果我能让你把我当成你的家人，那么我就能从中受益。例如，如果我说："你能给我一毛钱吗？"你可能不会理我。但是，如果我说："嘿！兄弟，给我一毛钱呗。"你很可能会把你的零钱全部都给我。当然，你的大脑负责思考的部分会意识到，我并不是你的兄弟，但你的大脑负责情感的部分会倾向于帮助我，就好像我是你的兄弟一样。

> ◇ **试试这样做** ◇
>
> 考虑一下你向他人表达爱意的动机。想想你最近几次向他人表达爱的时候，你的真正目的是什么？当然，其中许多可能都是真诚的表达，但也要诚实对待任何不真诚的表达。你的动机是以关系为中心、以接收者为中心还是以自我为中心？

很多组织都会有意或无意地利用所谓的“爱”和“关心”对他人进行情感操纵。例如，在许多宗教团体中，都会强调教会就是你的家。在一些教堂里，用“神父埃米利奥”或“修女卡萝尔”等家庭用语来称呼人们是很常见的。此类团体也鼓励人们这样做，因为这会让他们感觉彼此更亲近，而且这样做还有一个额外的效果：在必要时更容易说服别人。我们倾向于帮助我们所爱的人，尤其是家人，所以这种“爱”的提醒可以激活这种倾向。

许多人都是这些策略的受害者，因为他们如此渴望感情，以至于他们会接受任何形式的爱，即使那不是真诚的爱。对于想要在生活中获得更多感情的人来说，这种操控性的爱对你没有任何帮助，它只会使你陷入被爱的感觉，但你对联系的真正需求却得不到满足。因此，我们要学会识别并避免这类情感表达。

学会识别和避开有毒的感情

只有学会识别并避免那些让你背负某种不必要的负担的感情，

你才有可能获得更多真诚的爱。但是，糟糕的是，人们往往很难察觉到这种有毒的感情。因此，你需要发现一些感情的附加条件，然后学会拒绝这种感情，或者至少要谨慎地接受。

管理责任感

为了在这个世界上生存和发展，人类进化出许多特定的社会倾向。正如我之前所说，其中之一就是倾向于帮助我们所爱的人，尤其是家人。我们还倾向于回报他人的恩惠。

假设我们是同事，时不时会一起吃午饭。如果这次是你买单，那么我们都会觉得下次理应由我来付钱，当然若是庆祝生日或晋升的话也许就不会采取这种轮流买单的模式，但总的来说，大家都认为一起分担吃饭的费用很公平。因此，如果连续几次都是你付钱，或者轮到我买单的时候，我就“忘记”拿钱包，你可能就会觉得自己被利用了。

投之以桃，报之以李。如果有一方做不到这一点，另一方就会产生负面情绪。这逐渐演变成一种促进资源共享的方式。在社会群体中，诸如金钱、食物和住所等就那么多，资源是有限的。因此，如果你和我分享你的资源，我也会和你分享，而不是一味地从你的慷慨中获益，却不给你任何回报，这样才符合我们的最佳利益。欺骗你可能在短期内对我有好处，因为那样我就能获得更多的资源为自己所用。但从长远来看，我会受到伤害，因为你（以及其

他从你那里听说这件事的人）很快就会停止与我分享。

因此，回报人情的倾向使群体中每个人的福利都增加了，但却很容易被滥用。就像帮助家人的倾向一样。之前我举了一个例子，有的人叫你“兄弟”只是为了激发你帮助亲人的意愿。同样，有些人向你提供资源，只是为了让你觉得有义务去回报这份人情。

想要你的钱的个人和组织都会使用这种策略。就在昨天，我收到了一套来自动物权利组织的个性化地址标签。每个标签上都印有动物的照片以及我的名字和地址，非常可爱，我很可能会使用它们。我从未要求过这些，它们是一份礼物，这就是重点——通过免费送给我一些东西，该组织希望能得到我的回报：捐款。同样的道理，当你在路上遇到堵车时，会有人过来为你清洗挡风玻璃。你没有要求他们这么做，但是他们已经做了，这时你就会觉得不提供点儿回报有些过意不去。

从别人那里得到资源，即使我们没有要求，也会让我们觉得有义务给予回报。除了地址标签和擦窗服务外，情感表达也是如此。当有人说“我爱你”时，即使我们很难说出“我也爱你”，我们也会觉得自己应该这样做。

并不是每个操纵感情的人都能意识到这一点。在有意识的层面上，我以前所在教会里的人并没有试图通过感情来说服别人，也没有试图操纵新来者违背自己的最佳利益。从他们的角度来看，

他们只是想让新来者加入该团体，以实现他们的最大利益。尽管如此，他们的“爱”还是有条件的，因为当新来者没有加入时，他们的爱很快就消失了。

和任何其他资源一样，人们可以为了让别人有负债感而给予爱。不管是有意的（如泰德）还是无意的（如教会成员），这种感情都是有毒的，因为它带有附加条件。在识别出有毒的情感表达之后，我们必须学会拒绝它们。

拒绝有毒的感情

在一本旨在帮助你获得更多感情的书中，我却建议你拒绝感情，这似乎有点离谱。但是这的确是一个很好的建议。因为有毒的感情并不是真正的爱，它只是为了操纵你按照发送者想要的方式去思考、去相信，或者行事。

如果你把时间和精力花在不真诚的关系上，就很难获得更多真正的感情。

拒绝有毒的感情并不意味着拒绝提供感情的人。这样做只是意味着你决心不被他们的感情所操纵。感情极具说服力，因为大多数人都想得到它——毕竟，我们有强烈的集体认同的需要。因此，我们倾向于同意情感发送者的要求。但是，我们最好能够独立做决定，不受任何感情影响。

这听起来很简单，但做起来并不容易，至少有两个原因：

1. 我们想要爱、需要爱，也享受爱，所以拒绝爱违背了我们建立和培养亲密关系的原始动机。事实上，拒绝爱的表达是很困难的，甚至是有压力的。拒绝真诚的爱时更是如此。研究表明，单恋——当一个人对另一个人表达爱而得不到对方的回应时——被拒绝者的压力非常大。然而，这对拒绝者来说更痛苦。因为拒绝别人的爱和感情违背了我们的天性。同样的原因，即使是不真诚的爱，我们也很难拒绝。
2. 很难拒绝有毒的感情的第二个原因是，我们觉得自己有义务去回报接收到的感情。例如，动物权利组织通过免费为我印刷地址标签并邮寄给我，让我产生一种需要偿还的责任感。我当然可以用理性思考来推翻这种感觉，我可以提醒自己，我已经每月向该组织捐款了，不必有负债感。但是，我必须把纯粹的情感反应放在一边才能做到如此。

记住，拒绝有毒的感情并不意味着拒绝提供它的人，而是意味着你不允许自己被他人的感情所左右。因为我们的大部分决策都是由情感驱动的，所以我们可以按照以下建议来做：

- 对你收到的感情表示感谢。人们往往不知道自己是否在通过感情操纵他人，即使是，他们可能也认为自己的感情是真诚的。所以，除非你确定自己遭到了“爱的轰炸”，否则我建议你在别人向你表达爱意时，先假定他们是真诚的，

然后说“谢谢你，我也很关心你”。

- 如果某人明显是为了想让你做某事而向你表达感情，那么抛开一切不谈，先问问自己本身是否愿意这样做。例如，莱斯利注意到她的邻居珍娜（当地红十字会的董事）在每年的筹款活动期间都会对她非常友好。有一次，珍娜甚至给莱斯利发了一条语音邮件：“我希望我能指望我的好朋友做出贡献。”莱斯利从来没有感觉自己和珍娜很亲近，所以她意识到珍娜的目的是想让她捐款。抛开珍娜的假情假意不谈，莱斯利本身就支持红十字会的工作，所以即使没有珍娜的示好，她也会捐款。
- 如果别人的假情假意是为了让你做你本来不愿意做的事情，那么你可以做出自己的选择。即使莱斯利本身没有意向捐款，她也可能会为了与邻居保持和平做出象征性的捐赠。否则，她可以对珍娜说：“我真的很感激你为红十字会所做的工作，但我还有其他重要的慈善机构要支持。”这样一来，莱斯利并没有拒绝珍娜——事实上，她还赞扬了珍娜的努力，但是她决定不被珍娜的虚情假意所说服。
- 假设你已经默认了那些情感操纵者的提议，那该怎么办呢？我的建议和以前一样：对这段感情表示感谢，但要表明你的行为的优先顺序已经改变。假设你新加入一个教会，一段时间后，你发现自己不再愿意接受教会的信仰和做法，

但你又觉得自己有义务去取悦那些爱你的人，那么你可以说你很感激他们对你的支持和关爱，但你认为自己可能更适合其他教派。

简而言之，拒绝有毒的感情需要你自己做决定，而不是让别人替你做决定。我们大多数人都有强烈的意愿去取悦那些爱我们的人，但当这些“爱”是不真诚的时候，我们可能会被引导——不管是有意还是无意——做出不符合我们最佳利益的行为。因此，我们最好能够认清这些情况，并相应调整自己的行为。

◇ 试试这样做 ◇

盘点你的亲密关系，认真考虑每一种关系是否建立在你必须按某种特定方式思考及行事的基础上。如果是，那就对这份感情持健康的怀疑态度。当然，你不一定要结束这些关系，但最好不要依赖它们来满足你的情感需求。请遵循“培养多种亲密关系”一章的建议，培养能给你真诚的、无条件的爱的人际关系。

把人和行为分开

一想到一些人利用感情来操纵他人我就很愤怒。和许多人一样，我不介意被合理的逻辑论证说服，但当人们试图用感情来说服我时，我就会有被操纵利用的感觉。如果是有意为之——像泰德对待安吉拉那样——这种感觉会更加强烈。这种行为的许多毒

性效应之一就是它会削弱我对此人的信任。

然而，在这种情况下，我们最好能够对此人及其行为分开评价（至少，尽可能这样做）。因为，不是每个情感操纵者都像泰德那样怀有恶意。正如我之前针对大学生的研究表明，许多人通过表达感情——即使是不真诚的——来帮助接受者或增进关系，并不完全是为了他们自己。但是，这不能成为情感操纵的借口，也不意味着这种“感情”是有益的而非有毒的。尽管如此，为了自己的利益操纵他人和仅仅为了自己的利益操纵他人还是有区别的。如果我们只根据行为来判断一个人，就会很容易忽略这一区别。

不幸的是，在那些本该激发信任与信心的关系中，如与所爱之人的关系，这种有毒的感情是最常见的。事实上，在我的研究中，绝大多数人在亲密关系中都曾有过利用感情去说服他人的行为。情感操纵在较远的关系中并不常见，比如泛泛之交间，因为这样的关系本身也没什么感情存在。然而，如果是与亲密的朋友或伴侣间出现情感操纵行为，我们就很难把人和行为分开。这会让你感觉很受伤，甚至会削弱你对那个人的信任。尽管如此，你和他/她关系亲密的原因有很多，所以这一违规行为——尤其是为了你的利益才这样做——并不一定会否定整个关系。学会识别并拒绝有毒的感情对我们很有帮助，同时，试着去原谅那些情感操纵者，如果这段关系对你来说很重要就更应该如此。

◇ **试试这样做** ◇

回想一下某人试图用感情说服你以某种方式思考或行动的事件。在日记或电脑上，给那个人写张便条，描述他 / 她的行为当时给你的感觉，以及现在回想起来的感觉。然后，说明你为什么选择原谅他 / 她。是否与他 / 她分享这张便条取决于你自己，但清楚地表达出原谅的理由可以帮助你将他 / 她的行为与其更积极的品质区分开来，同时也可以作为一种提醒，提醒自己不要出现类似的行为。

无论你在生活中多么渴望感情，只有邀请真诚的爱才能改善你的处境。不幸的是，总有一些感情意在要你以某种方式去思考或行动，并以此作为爱的条件。这样的感情对个人及其人际关系有毒害作用，而且永远不能替代我们所需要的真正的爱和联系。

停下来思考

有毒的感情极其有害，但却普遍存在。在进入策略6之前，请先考虑以下问题，因为它们与你生活中的有毒感情有关：

- 在你的亲朋好友中，你认为谁最有可能利用感情来操纵别人？你是如何得出这个结论的？
- 你是否曾违心地向他人表达感情？你的动机是什么？
- 你会怎样避免自己被有毒的感情说服？

策略6：乐观务实

在前文中，我们已经探讨了一系列可以用来邀请真正的爱的策略。正如我所指出的，并不是每一种策略对每个人都同样有效，我们需要结合自己的生活实际来考虑哪种方法对自己最合适，最有可能获得成功。

不管采用哪种策略，为自己和他人制订乐观且现实的期望都是有益的。这并不总是那么容易。当人们尝试在生活中做出改变时，许多人会因为生活没有像他们期望的那样迅速或充分地得到改善而感到沮丧。而沮丧很容易让位于悲观，人们会认为事情永远无法好转。当人们变得悲观时，他们就会停止尝试，因为他们认为这样做并没有什么作用。因此，要实现真正的改变，就要避免这一陷阱，尽可能保持乐观。

不过，乐观并不意味着生活在幻想中。保持乐观固然重要，但拥有现实的期望也同样重要。你能够在生活中吸引更多的感情，但这可能不会以你期望的方式发生，也不会以你想要的速度发生。

因此，做一个乐观的现实主义者是有好处的。

出于上述种种原因，我选择用我认为的一个通用策略来结束本书。“乐观且现实”要求我们坦然接受感情的起起落落，选择顺势而为而不是逆势而行。要对他人保持理解和耐心，并在必要时寻求帮助。当乐观主义和现实主义发生冲突时，如果一段关系已经走到尽头，那么我建议你面对现实。

尊重关系中的潮起潮落

维持一段长期关系有点像乘风破浪。风平浪静的时候，充满了爱，冲突很少；但有时候，即使是一点点波澜也会掀起惊涛骇浪。人们很容易陷入这样一种信念：健康的关系总是一帆风顺的。这一信念会导致人们一旦遇到波澜就会反应过度。

我们要记住，关系中的潮起潮落是很正常的，并不是什么可怕的事情。让我们来看看应该如何理智处理人际关系中的各种变化。

接受关系中辩证的张力

不管浪漫与否，任何一个有伴侣的人都知道，随着时间的推移，人们会为了自己想要的东西而对你忽冷忽热。今天他们还渴望与你亲近，明天可能就想要自己的空间。昨天他们还喜欢心血来潮

的浪漫，今天却要一切都按照计划来。在局外人看来，他们似乎不知道自己想要什么或需要什么。如果你处在一段长期的关系中，你就会知道所有这些都是正常的。

科学家将这称之为辩证张力。根据研究，当人们感到在两个相互对立但又同样重要的欲望之间挣扎时，就会出现辩证张力。例如，在凯利的婚姻中，凯利既希望与丈夫杰夫关系密切，但同时也希望有自己的身份，能够自己做决定。换句话说，她渴望联系，但也渴望自主。研究表明，一个人与他人联系越多，他或她拥有的自主权就越少，反之亦然。然而凯利和我们中的许多人一样，希望在一段关系中保持既亲密又独立的状态。

其他类辩证张力也很常见。例如，许多人既希望关系稳定可靠（有可预见性），也希望对方时不时地给自己一些小惊喜（有新鲜感）；许多人既喜欢分享和自我表露（开放性），也喜欢保留自己的一些小秘密（封闭性）。

这些辩证张力是很正常的，就其本身而言，我们无须担心。然而，要想对感情持有现实的期望，我们就必须将其纳入考虑范围。即使你想在生活中寻求更多的爱，但这可能并不是你唯一需要或渴望的东西，也不是你一直想要的东西。对你的配偶或伴侣来说也是如此。亲密、联系和感情在亲密关系中很重要，但独处和自主的时刻也很重要。

当你努力想得到对方更多的爱时，你需要为亲密关系中常见的辩证张力留出空间，从而平衡你的期望。当你的伴侣与你亲密交流时，你要学会欣赏并享受他当下的行为。

54 岁的科琳娜就是这样做的。21 岁结婚，不到 40 岁就丧偶的科琳娜在过去的几年中一直有强烈的情感剥夺感。两年前，她开始和 59 岁的乔约会——和大多数关系一样，他们的关系也存在辩证张力，既渴望亲密，又想追求各自的兴趣爱好。

但是，因为科琳娜理解并接受这种张力是正常的，所以她很重视乔的情感表达，同时也不会贬低他们两人都享受的独立性。当乔在厨房里即兴拥抱她或者因为知道她喜欢音乐而去弹钢琴时，她会很开心。更重要的是，她已经学会了珍惜当下的这些经历，而不是期望乔在醒着的每一个时刻都对她充满深情，也不会期望乔因为自己而放弃自己的兴趣爱好。

乔是一个天生深情的人，但是如果你所爱的人为了向你表达更多的爱而做出不同寻常的行为时，那么，请保持耐心，欣赏你所接收到的爱，并给他们足够的空间，使他们觉得自己并没有因此而失去自己的独立性，这一点尤为重要。同时也给自己一些空间来接受、吸收和欣赏他们当下给予你的爱，而不是一直去想自己能得到多少爱。

坦然面对感情的起起落落

记住，亲密交流是一种行为，而不是一种永久的存在状态。再强烈的激情也不会一直持续。大多数情感体验都不能在高强度的状态下持续很长时间，因为这需要消耗太多的生理能量和心理能量。例如，强烈的愤怒之后，我们往往能够冷静下来并恢复到正常状态。即使愤怒会恶化，通常也在我们的可控范围内，因为我们当中很少有人有精力长时间维持极端愤怒。大多数情感体验都是如此，包括感觉和感情。

很多人发现，随着时间的推移，激情会慢慢消退，逐渐流于日常。比如，布莱克和泰勒在一起 4 年了，他们深深体会到，彼此间的亲密行为——无论是做爱，手牵手坐在沙发上，还是谈论对彼此的感觉，早已流于平淡的日常生活中。一起计划购物清单、为德国牧羊犬洗澡、看晚间新闻等，虽然他们也喜欢并渴望这些亲密时刻，但他们知道那只是生活中美好的小插曲。

更重要的是，他们认识到，亲密时刻恰恰是因为它的不连续性才更有意义。就像愤怒会恶化一样，感情也会发酵，在长期的重要关系中尤其如此。因此，世俗的日常生活体验也是必需的，这样你才会有更强烈的亲密体验。

◇ 试试这样做 ◇

在某一天，在自己的婚姻或最重要的人际关系中，注意自己各种情绪的起起落落。注意你对他人充满深情的时刻，同时也要注意其他情绪（或者没有情绪）争夺注意力的时刻。在一天结束的时候，回想一下自己在这一天中各种情绪的起伏，即使你最终想要从对方那里得到更多的爱，你也会感激对方已经给予的爱。

当然，“强烈”的程度取决于你的经历和你对感情的定位。例如，拥抱和亲吻对布莱克和泰勒来说似乎是家常便饭，因为他们经常以这种方式来表达对彼此的爱。然而，在布莱克与父亲的关系中，拥抱却是一种强烈的情感表达方式，因为他的父亲是个感情很内敛的人。据他回忆，父亲只在他大学毕业时和他的婚礼上拥抱过他。因此，父亲的拥抱似乎比他每天从泰勒那里得到的拥抱更强烈。这既是因为他们很少拥抱，也是因为他知道他的父亲不习惯这种爱的表达方式。记住，情感强度会随着时间的推移而变化，而每段关系都有自己的晴雨表。

感情有起也有落是显而易见的事实，但是当我们一心想着要从别人那里得到什么时，我们很容易对显而易见的东西视而不见。人们很容易将亲密关系过度浪漫化，期望它能提供强烈的、不间断的亲密感觉，如果达不到自己的期望，人们就会认为这段关系有问题。不管你多么想从你爱的人那里得到爱，当你把你的期望

定在一个不合理的高度时，就已经注定了期望要落空。如果你能淡然接受即使是最强烈的感情也会随着时间的推移而变淡，那么你就能学会欣赏其高峰，而不会担心其低谷。

理解他人

在本书中我们看到，很多原因会导致人们不像你所希望的那样深情：

- 受原生家庭影响。
- 认为示爱有风险。
- 有过糟糕的情感经历。
- 天生情感冷漠。

不管出于什么原因，当你想让某人对你更深情时，你就是想让他 / 她做出改变。记住改变往往是困难的，我们可以在必要时寻求帮助。

改变是困难的

你可能听过这样一句话："生活中唯一不变的是变化。"这一说法当然是有道理的。但是，当人们这么说的时候，他们通常指的是尽管我们制订了最完善的计划，但事情还是会发生变化，比如我们的人际关系、事业或健康方面的一些无法预料的变化。

这里的变化通常不是我们想要的那种变化，比如尝试理智进食、加强锻炼、节省开支等。有意的改变是困难的——这也是为什么很多人的新年计划在 1 月底前就付诸东流的原因。

换句话说，生活中总是会出现意料之外的变化，要想做出有意的、积极的改变并不是一件容易的事。不用加强锻炼或节省开支的幸运儿少之又少。对很多人来说，做出积极的改变是一项挑战，长期坚持就更困难了。

让自己养成更健康的习惯都不是一件容易的事儿，让别人做出积极的改变更是难上加难。任何尝试过让伴侣更加深情的人都深有体会。任何进步都需要改变和成长，但要想在别人身上实现你想要的改变往往是极其困难的。

因此，当你尝试用各种策略（包括本书中介绍的策略）来吸引感情时，保持耐心很重要。

- 不要期望变化如期而至。当玛丽安想让她的男朋友特拉维斯向她表达更多爱意时，她决定采取积极主动的策略。她为自己想要的感情形式建模，邀请爱而不是要求爱。虽然她的策略很好，但是玛丽安希望自己的努力能够带来立竿见影的效果，因此当特拉维斯没有像她期望的那样做出改变时，她感到非常沮丧。当你想要他人改变和成长时，你必须意识到，想比做容易。尽管你可能希望快速解决情感

剥夺（或任何关系）问题，但现实是，不是你想他人做出怎样的改变，他人就会做出怎样的改变。

- 认可对方的努力。我之前说过，认可并感激你的伴侣为向你表达更多的爱所付出的努力是很有帮助的。当人们做出新的尝试时，如果他们的努力得到了肯定，其行为就会得到强化。数十年的研究表明，积极强化是改变他人行为最有效的方法之一。乐观意味着相信自己能够成功，而当对方做出你想要的行为时给予其肯定是一种有效且有意义的方式，有助于你的成功。
- 不要指责他人。当你邀请某人做出改变时，即使是为了增进感情，也是在暗示这个人有哪些地方做得不够好。毕竟，如果你得到了足够的爱，你就不会再要求更多的爱。然而，指责他人不够深情没有任何建设性意义。正如我们所探讨的，感情不丰富的原因有很多。与其责怪你的伴侣没有达到你的期望，不如把注意力放在对方做出的积极改变上。
- 对自己有耐心。对自己保持耐心与对他人保持耐心同样重要。在亲密关系中，一个人的变化会影响两个人，所以如果你的伴侣努力变得更加深情，那么他或她的努力也会对你产生影响。请记住，即使是积极的改变也会消耗能量，所以对自己也要有耐心，因为你们都在努力适应一种更亲密的互动方式。

必要时寻求帮助

正如我们观察到的，改变自己的行为都很难，试图改变他人的行为就更难了。当然，很难并不意味着不可能，但却意味着我们可以向他人寻求帮助。因此，除了认识到改变是困难的，还要知道我们可以在必要时向他人寻求帮助。

依靠朋友

还记得我们之前提到过的科琳娜吗？她觉得她的男友乔很爱很爱她。他们享受在一起的时光，同时也允许彼此有时间追求各自的兴趣爱好，两个人在一起特别幸福。但一开始并不是这样的。他们刚开始约会的时候，乔把大部分的空闲时间都花在了自己的兴趣爱好上，要么整天在车库里修车、要么和伙伴们去猎野鸡、要么沉迷于一本好书。他很感谢科琳娜能够支持他追求自己的兴趣，但是他却忽略了科琳娜的情感需求。科琳娜想方设法想让乔多爱自己一些——和许多人一样，当乔没有像她希望的那样迅速改变时，她感到非常沮丧。

于是，她向好友盖拉求助。盖拉是她在教会认识的好朋友，两人似姐妹一般。她对科琳娜遇到的问题并不陌生，她和丈夫查理也有过这样的情况。

盖拉帮助科琳娜认识到，她的做法太过含蓄。虽然乔是个感

情丰富的人，但他对这种微妙的暗示可能并不敏感，所以无法读懂她的心思。通过与盖拉的交谈，科琳娜意识到，实际上，她一直希望不用自己说，乔就能知道她想要什么，需要什么。现在她明白了，直接说出自己的愿望会更有帮助。这并不是要求爱，而是以一种更易于被感知的方式来邀请爱。

科琳娜通过向盖拉求助而受益，不仅因为盖拉有过一样的经历，而且因为她能够帮助科琳娜从全新的角度看问题。我们很难透过一棵树看到整片森林。换句话说，我们很难超越自身的角度看问题，因此，我们往往无法识别阻碍自己进步的因素，就像科琳娜没有意识到她邀请爱的方式对乔来说太过含蓄一样。这时就需要一个第三方，一个与问题本身无关的人（盖拉），来帮助她发现问题所在。

考虑咨询顾问

我们中的许多人都有好朋友，他们可以像盖拉帮助科琳娜那样帮助我们。然而，有时由于各种原因，向专业顾问寻求帮助可能会更好些。首先，你的好朋友可能并不在你身边，即使他们在，也许有些事情你也不方便与他们分享。而且，即使你的朋友很了解你的情况，他们可能也不知道该如何给你建议。尤其是当他们也是你的配偶或伴侣的朋友时，他们可能会觉得夹在中间不好做人。

相比之下，专业咨询师（PC）和婚姻家庭治疗师（MFT）接受过专业培训。他们更能以支持和共情的方式倾听我们的心声，同时也能帮助我们制订问题解决方案。他们会教我们怎样与爱人坦诚交流，指出并帮助我们改正自己可能都没有意识到的错误。

我们的朋友当然也会向我们提供帮助，但他们的建议可能只是自己的经验之谈，这可能与你的情况有关，也可能与你的情况无关。另一方面，专业咨询师和婚姻家庭治疗师可以从更广泛的角度来考虑你的情况，并为你提供一般可行的建议，而不仅仅是生活经验之谈。在你需要帮助的时候，主动向朋友和专业人士寻求帮助是值得的。

◇ 试试这样做 ◇

当你认识到对方改变的障碍时，你就会更容易欣赏对方为改变所做出的努力。根据你对你的配偶或伴侣的了解，注意那些会抑制他或她感情行为的因素。当注意到对方爱的表达时，你可以赞扬对方的行为，并认可他们付出的努力。例如，你知道你的伴侣羞于在公共场合表达爱意，但如果他在公共场合吻了你，那么你可以告诉他这让你多么开心，多么感激，而且你知道他能这样做很不容易。这句话传达了这样的信息：你很重视他的这一举动，而你的伴侣也会感激你能理解他。

如果其他方法都失败了，请考虑继续前行

在大多数情况下，乐观主义和现实主义是互补的关系。持有乐观且现实的期望可以让我们保持耐心，避免沮丧。然而，现实有时会让人难以保持乐观，例如当某段特定关系显然已经走到了尽头并且无法挽回的时候。

尽管有“只有死亡才能将我们分开”这样的感情，但是，许多婚姻和重要的伴侣关系，甚至是友谊的寿命都是有限的。我们大多数人都至少经历过一次分手。当出现关系破裂的信号时，我们必须决定：是坚持虚假的乐观主义，还是倒向现实主义立场，接受这段关系已经结束的事实。

人们往往很难面对关系已经结束的现实，对于缺乏感情的人来说更是如此。如果你在生活中没有培养更广泛的亲密关系，那么，你就很难放弃一段无望的感情。在这种情况下，乐观很容易战胜现实，使人们陷入一种自我否认的状态。

如果一段关系事实上还可以挽救，如果你想继续这段关系，投入时间和精力就有意义。事实上，许多夫妻会因此而接受数月甚至数年的心理咨询，通常都会获得积极的结果。我当然不是主张仅仅因为关系不稳定就放弃一段关系。我的意思是，如果这段关系真的结束了，那么继续向对方寻求感情是徒劳无益的。人们在拒绝接受现实的时候往往就会这样做。但更好的办法是让现实

主义战胜空洞的乐观主义，你愿意继续前进。世界上有很多感情，每个人都有属于自己的那一份。从一段无望的关系中寻找爱只会浪费你的精力，让你无法享受等待你的那份真爱。

◇ **试试这样做** ◇

任何关系，不管是否浪漫，都可能走向终点。如果你发现自己陷入了一段看似无望的友谊或浪漫关系中，好好想一想自己是否愿意继续前行。如果愿意，想想你生活中的其他人，比如家人或其他朋友，想想你可以和哪些人培养更亲密的关系。虽然很难，但一段关系的结束就是另一段关系的开始。我们只需听其自然。

乐观意味着相信自己的处境会好转，现实意味着认识到改进需要时间，且改进策略并不总是可行的。不管你用什么方法来吸引感情，保持乐观，同时也要保持现实，这样才最有可能成功。

停下来思考

我们即将抵达本书旅程的终点，现在，请思考以下问题：

- 你认为本书第三部分探讨的所有策略中，哪一个最乐观？哪一个最现实？
- 鼓励他人改变的同时，你如何让自己保持耐心？
- 在你自己的生活中，你会用什么方式来解决情感饥饿问题？

结 论
孤独的终结

胡安·曼因极其渴望社会联系而走到街头去和路人拥抱的那一刻，应该是他生命中最黑暗的时刻。虽然我们很少有人会这样做，但很多人都能体会到他的那种孤独感，因为我们也曾有过一样的感觉。对于人这个高度社会化的物种来说，爱远不止是一种奢侈品——它是人类真正的需求，一种我们很多人都无法得到满足的需求。虽然我们没有站在街角提供拥抱，但是我们可能会因情感饥饿而暴饮暴食，与网上认识的陌生人见面，甚至会接受有毒的感情，所有这些都是为了填补我们心灵的空虚、寂寞。

然而，正如我们所看到的，孤独可以被治愈。对于渴望得到关注和关爱的人来说，虽然本书提到的策略不一定对所有情况都同样有用，但每一种策略都提供了正确认识并治愈孤独的方法，

想一想如何在生活中有效运用每种策略会对我们很有帮助。

情感饥饿通常不是一夜之间出现的，所以任何策略也不可能在一夜之间就将其消除。然而，只要我们能够付出努力，保持乐观，再加上一点时间，我们每个人都能为自己建立我们真正渴望的关系。请记住，孤独不是孤单——孤独源于有意义的社会联系的缺失，如与朋友、家人或爱人之间的联系，这些联系可以满足我们内心深处强烈且持久的归属需要。当我们努力建立、培养和维持这些有意义的联系时，我们的孤独就可以被治愈。

致 谢

写书如同度假。虽然我大概知道自己要去哪里，但要想到达目的地，需要我付出耐心、保持好奇心并具备冒险精神。一路上，我遇到了各种各样的人，是他们为我指明正确的方向，也是他们让我的旅程变得更有意义。

首先，我要感谢所有在过去的 20 年里与我分享自己的人生故事的人。你们的故事是这本书的核心和灵魂，谢谢你们！谢谢你们的分享！

感谢我的经纪人琳达•康纳（Linda Konner)。她是一位出色的向导者，正是她的一个想法，使我和其他人看到了其中的潜力。她是一位值得信赖的顾问，她的支持是无价的。

感谢我的编辑汤姆•哈德 (Tom Hardej)，这本书从初稿到最终定稿都离不开他的指导。他是我真正的合作伙伴，我感谢他独

到的见解以及对我的支持。还要感谢开发编辑劳拉·戴利 (Laura Daly) 的帮助；感谢弗兰克·里维拉 (Frank Rivera) 帮我设计封面；感谢负责宣传的贝瑟尼·卡兰 - 亚当斯 (Bethany Carland-Adams)。感谢他们每一个人对我的帮助！

我的同事和学生，以及我在人际沟通学领域的许多朋友，他们一直是我快乐和力量的源泉。他们挑战并磨砺我的思维，他们的集体智慧让我永远保持谦逊之心。遇到他们我真的很幸运，我每天都很感激他们。

我最感谢的是我的家人和我的伴侣布莱恩。他们是我永恒的爱的源泉，感激不尽！

延伸阅读

Baumeister, R.F., and Leary, M.R. (1995). The need to belong: Desire for interpersonal attachments as a fundamental human motivation. *Psychological Bulletin* 117: 497-529.

Cacioppo, J.T., and Patrick, W. (2008). *Loneliness: Human nature and the need for social connection*. New York, NY: W.W. Norton.

Floyd, K. (2006). *Communicating affection: Interpersonal behavior and social context*. Cambridge, England: Cambridge University Press.

Floyd, K. (2014). Relational and health correlates of affection deprivation. *Western Journal of Communication* 78: 383-403.

Harlow, H.F. (1958). The nature of love. *American Psychologist* 13: 673-685.

House, J.S., Landis, K.R., and Umberson, D. (1988). Social relationships and health. *Science* 241: 540-545.

第二部分 你从未意识到你有多渴望感情

第三部分 克服孤独的六种策略

目　录

CONTENTS